AF406558

Spiruline comme marqueur de dépollution des effluents industriels

Auteur principal et correspondant

BENAHMED DJILALI Adiba

Co-auteurs

ALLAF Karim

BESOMBES Colette

CIP a Camerei Naționale a Cărții

Adiba, Benahmed Djilali.

Spiruline comme marqueur de dépollution des effluents industriels / Benahmed Djilali Adiba ; co-auteurs: Allaf Karim, Besombes Colette. – Chișinău, 2020 (Print on demand). – 84 p. : fig. color, tab.

Referințe bibliogr.: p. 78-84.

ISBN 978-9975-153-69-0.

582.232+633.529.3

A 1

Cover image: www.pixabay.com

Generis Publishing
Online orders: www.generis-publishing.com
Orders by email: info@generis-publishing.com

Remerciements

Nous remercions notre Dieu, qui nous a donné le courage et la volonté de réaliser ce modeste travail.

Mes remerciements sont adressés aux Responsables et Ingénieurs des Laboratoires d'Analyses Microbiologiques et Physico-chimiques de l'Université Mouloud Mammeri de Tizi-Ouzou (Algérie) pour l'aide qu'ils m'ont apporté tout au long de la réalisation de ce travail.

Mes remerciements sont adressés à Mr ALLAF Karim et Mme BESOMES Colette de l'Université de La Rochelle pour leur contribution et supervision de ce travail.

Un grand merci et ma reconnaissance particulière au président de la Fédération de culture de spiruline en France Mr CEDRIC Coquet, et Mr BOUKSSAIM Mohamed (INRA Maroc) pour l'échantillon de spiruline qu'ils m'ont procuré.

Ma gratitude est adressée également à ceux qui ont contribué de prés ou de loin à la concrétisation de ce travail.

Préambule

Ce modeste ouvrage s'adresse tout d'abord aux chercheurs en biologie et aux cultivateurs de spiruline. Il permet d'établir un lien entre les données théoriques et la pratique dans les domaines de la dépollution et du développement durable. Il sert de base à la résolution des contraintes rencontrées lors de la culture de spiruline et l'amélioration de la qualité des eaux usées industrielles et des rejets avant leur déversement dans le milieu naturel.

Sommaire

Liste des abréviations

DBO : Demande Biologique en Oxygène
DCO : Demande Chimique en Oxygène
DIC : Détente Instantanée Contrôlée
DO : Densité Optique
ENIEM : Entreprise Nationale des Industries de l'Électroménager
IR : Infra-Rouge
MEB : Microscope Électronique à Balayage
PPT :Polyphénols Totaux
S/m : Siemens par mètre (S/m)

Résumé

Les activités humaines, qu'elles soient domestiques, agricoles ou industrielles, produisent toutes sortes de déchets et de souillures qui sont susceptibles d'engendrer différents types de pollution et de nuisance dans le milieu récepteur. Le traitement de ces rejets est indispensable pour la préservation de notre environnement, la spiruline, entre autres, est une micro-algue ayant des aptitudes de dépollution à ne pas négliger. Sa culture nécessite des bassins, des eaux alcalines riches en carbonate de sodium, ou en bicarbonate de sodium, et un micro-climat chaud. Pour que la spiruline ait accès à la lumière et à l'oxygène, un système d'agitation est obligatoire.

La culture de spiruline dans des liquides polluants (eaux usées, margines, lubrifiants usagés des moteurs à explosion ou à combustion, etc.) et des ressources agricoles locales (cendres de bois de figuier, eau de mer, etc.) a été réalisée à l'échelle du laboratoire. Le procédé de culture étant facile à réaliser, il serait très utile de l'adopter à grande échelle. Cependant, la qualité nutritionnelle de la spiruline est dépendante de la nature du liquide polluant utilisé pour sa culture.

Mots clés : Spiruline, dépollution, eaux usées, margines, huiles de moteurs usagées

Introduction générale

Introduction Générale

Les activités humaines, domestiques, agricoles et industrielles produisent toutes sortes de déchets et de souillures qui sont susceptibles d'engendrer différentes sortes de pollution et de nuisances dans le milieu récepteur. Cet ensemble d'eau rejetée et de déchets constitue ce que l'on appelle communément les eaux usées (Aba Aaki, 2012). Le traitement de ces eaux est indispensable pour la préservation de notre environnement, car il permet de limiter l'impact de diverses pollutions sur la santé humaine.

L'Algérie assiste à des activités industrielles dans les différents secteurs. L'activité la plus répandue - et des plus polluantes - est l'industrie oléicole qui, en plus de sa production principale qui est l'huile d'olive vierge, génère des sous-produits liquides appelés 'les eaux de végétation' ou 'les margines' et de grignons d'olives.

A l'échelle mondiale près de 30 millions de m^3 de margines et 20×10^6 Tonnes de grignons sont générés chaque année par les industries oléicoles. La production en Algérie est estimée en moyenne de 2×10^5 Tonnes de margines et 9×10^5 Tonnes de grignons.

Globalement, les margines sont rejetées soit dans des cours d'eau, soit versées sur le sol. Elles constituent des effluents fortement chargés en matières organiques, constituant un déchet polluant et affectant ainsi la qualité des eaux dans lesquelles elles sont déversées (Kebbab, 2014).

En outre, il existe d'autres polluants liquides qui entrainent aussi la pollution des eaux et des sols : les lubrifiants des moteurs de véhicules qui sont devenus des huiles impropres à l'usage (Bliefert et Perraud, 2001). Ces huiles sont classées comme déchets dangereux (Moletta, 2009). Néanmoins, elles constituent une catégorie importante de matériaux susceptibles d'être récupérés par des traitements appropriés. Cette récupération est une nécessité pour protéger l'environnement (Mazouzi et *al.* 2014).

L'Entreprise Nationale des Industries de l'Électroménager (ENIEM) est le leader en Algérie dans la fabrication des appareils électroménagers. Elle est l'une des plus anciennes entreprises nationales (Harouz, 2012). Sa mission consiste en la fabrication, l'assemblage, la vente et la promotion des services après-vente des produits électroménagers (Dahmoune, 2009).

L'activité de l'ENIEM engendre une quantité considérable de déchets solides. Ces derniers peuvent être du plastique, bois, rebuts métalliques, bidons, cartons, produits d'emballage, etc. Ces déchets sont vendus à des entreprises de récupération. Cependant, certains produits et emballages dangereux, à l'instar de fûts vides de cyanure, ne sont pas vendus et sont stockés sur des aires, à l'air libre ou sous abris.

Il existe de nombreuses techniques dans le domaine de traitement des eaux ayant pour but d'éliminer les matières solides, les huiles, les graisses, les composés organiques biodégradables ou non-biodégradables, les molécules toxiques, etc. Ces techniques, qui sont appliquées seules ou en cascade, permettent d'améliorer le niveau de traitement (Abouzlam, 2006).
Parmi ces techniques, le traitement biologique occupe une place très importante. En effet, ce traitement permet d'éliminer les polluants dissous. Les cyanobactéries constituent l'une des populations de micro-organismes capables de dégrader ces polluants. Ces dernières, communément appelées algues bleues, comptent parmi l'une des plus anciennes formes de vie sur Terre et constituent l'essentiel des bactéries capables de photosynthèse avec production d'oxygène. Parmi elles se trouvent les cyanobactéries filamenteuses dont fait partie *Spirulina platensis* ou (*Arthrospira platensis*), plus connue sous le nom d'algue Spiruline (Sguera, 2008).

Le genre *Spirulina* se développe naturellement dans les eaux alcalines de certains lacs en zones chaudes. Ces eaux sont généralement riches en carbonate de sodium ou en bicarbonate de sodium, ce qui leur confère des valeurs de pH comprises entre 9 et 11 (Fox, 1999).

Plusieurs chercheurs ont travaillé sur la culture de spiruline dans des milieux synthétiques (Joudan, 2006), naturels ou semi synthétiques en valorisant des ressources agricoles. Par exemple, Benahmed Djilali (2012); Benahmed Djilali et Benamara, (2013), ont réussi la culture de spiruline dans un milieu à base d'eau de mer et de la solution des cendres de bois de figuier, d'olivier et de palmier. En outre, des chercheurs Saoudiens ont pu cultiver la spiruline dans un milieu à base de divers substrats provenant du dattier (Adel, 2014).

La micro-algue est considérée comme une ressource alimentaire non conventionnelle pouvant contenir jusqu'à 70 % de protéines. Elle est riche en sels minéraux, en oligo-éléments et en nombreuses vitamines (B1, B2, B12, E,…) (Sall et *al.* 1999).
Quant à la spiruline, elle connaît aujourd'hui un regain d'intérêt de la part de la communauté scientifique internationale du fait de sa possibilité d'utilisation comme source de produits à vertus thérapeutiques. En effet, le potentiel de cette micro-algue semble être non négligeable, et ce grâce particulièrement à son

principal pigment, la phycocyanine, qui donne à cet organisme sa couleur bleu-vert caractéristique (Sguera, 2008). Cette substance possède des propriétés anti-oxydantes, antibactériennes et anti-inflammatoires (Chen and Wong, 2008; Degbey et *al.* 2006). En fait, plusieurs études ont montré le rôle de la spiruline dans la prévention de plusieurs maladies à l'instar du cancer et des troubles cardiovasculaires (Reddy and *al.* 2000; Girardin-Andréani, 2005).

La spiruline fait l'objet d'un développement de cultures dans les régions où elle vit naturellement : en Afrique, en Asie et en Amérique. Elle est également cultivée dans des fermes spécialement conçues pour sa production en quantité industrielle. En Europe, par exemple, elle est produite sous serres ou en photo-bioréacteurs (Jourdan, 2006).

Ladite algue peut se développer dans des lacs alcalins se trouvant à proximité des cratères de volcan et ceux du désert. Notamment, l'Algérie fait partie des rares pays qui cultivent la spiruline dans le monde. A cet effet, des chercheurs algériens, ont découvert que la wilaya de Tamanrasset, une région située dans le Sahara algérien, est un lieu idéal favorisant sa culture (Saggai, 2008).

L'avantage du développement de la spiruline en Algérie réside dans les coûts d'investissement et de production insignifiants en raison de l'environnement naturel et des conditions climatiques du sud du pays, de la disponibilité des matériaux à l'échelle nationale et le coût relativement bas de la main-d'œuvre assurée par les populations locales. En somme, le coût de production de la spiruline en milieux artificiels est souvent très élevé, entrainant ainsi un prix de vente quelquefois hors de portée pour les clients potentiels.

Le présent document porte principalement sur l'utilisation de la spiruline comme un marqueur de dépollution des rejets industriels de la région de Tizi-Ouzou en vue d'une meilleure valorisation et de protection de l'environnement. Trois déchets industriels (margines, huiles de moteurs usagées, eaux usées de l'ENIEM et des ressources agricoles végétales (algues marines vertes et cendres de bois de figuier) sont utilisés comme substrats pour la culture de la spiruline.

Ce document comporte deux parties : la première partie est relative à la présentation de l'étude bibliographique comportant des notions générales sur les algues, la culture de spiruline et les rejets industriels étudiés, et la seconde est réservée à l'étude expérimentale. Cette dernière porte sur les diverses expérimentations menées par le moyen d'essais de culture de spiruline dans les différents déchets industriels (margines, huiles de moteurs usagées, eaux usées de l'ENIEM) et la discussion des résultats obtenus. Quant à la conclusion générale, elle comporte une récapitulation succincte des principaux résultats de l'étude.

Données théoriques

Chapitre I : Généralités sur les algues

I.1. Définition

Les algues, *Phycophytes* (du grec : *phukos* = algue ; *phuton*=plantes), sont des *thallophytes* chlorophylliens, c'est-à-dire des organismes capables de photosynthèse. Ces organismes autotrophes sont typiquement aquatiques (Roland et *al.* 2008).

Ce groupe d'organismes englobe des *thallophytes* dont la structure cellulaire est incomplète, notamment par l'absence d'un véritable noyau (procaryote) et des thallophytes dont les cellules comportent tous les constituants habituels, en particulier un noyau bien individualisé (eucaryote) (Gayral, 1975).

I.2 Classification

La classification des algues se fait selon des caractéristiques spécifiques telles que les composantes de la paroi cellulaire, les pigments présents (la couleur), le cycle de vie et le type de composés utilisés pour l'entreposage de la nourriture. En effet, les algues sont un groupe d'organismes très diversifiés qui varient en forme et en grosseur : unicellulaires, multicellulaires, coloniales, filamenteuses, amas de protoplasmes (Memory, 2006).

Le tableau ci-dessous montre les différents groupes d'algues.

Tableau I : Caractéristiques importantes des groupes d'algues (Géraldine et Céline, 2009).

Embranchement (règne)	Nom commun	Nombre d'espèces	Pigments
Chlorophytes (Protistes)	Algues vertes	7500	Chlorophylle (a, b) Xanthophylles Carotène
Phéophytes (plantes)	Algues brunes	1500	Chlorophylle (a, b) Carotène
Phéophytes (plantes)	Algues rouges	3900	Chlorophylle (a, b) Xanthophylles Carotène
Phéophytes (plantes)	Algues bleues	15000	Chlorophylle (a) Allophycocyanines Phycocyanine Phycoérythrine Phycoérythrocyanine

I.3. Grands groupes d'algues

I.3.1. Cyanobactéries

Les cyanobactéries, appelées aussi Cyanophycées ou algues bleues, sont des microorganismes aquatiques qui présentent à la fois des caractéristiques provenant des bactéries et des algues.

Les cyanobactéries sont présentes de façon naturelle dans les milieux aquatiques. Leur présence devient problématique lorsque certaines espèces se multiplient rapidement et forment une masse visible à l'œil nu (à la surface ou dans l'eau) que l'on nomme 'fleur d'eau'. Leur taille varie beaucoup selon les espèces : certaines sont filamenteuses et peuvent former des filaments unicellulaires dépassant un mètre de long. D'autres espèces forment des bio-films en feuillets, coussins ou colonnes (Houriet, 2015).

I.3.2. Rhodophycées

Les algues rouges sont d'ordinaire de plus petite taille, leur longueur allant d'habitude de quelques centimètres à environ un mètre. Toutefois, ces algues ne sont pas toujours rouges; leur couleur est parfois pourpre, même rouge brun, mais les botanistes les classent parmi les Rhodophycées en raison de leurs autres caractéristiques.

I.3.3. Phéophycées

Les algues marines brunes atteignent généralement de grandes dimensions, allant du varech géant, qui a souvent 20 m de long, à des algues épaisses, semblables à du cuir, mesurant de 2 à 4 m de long, et à des espèces plus petites, d'une longueur de 30 à 60 cm.

I.3.4. Chlorophycées

Les algues vertes appartiennent à un vaste ensemble regroupant les chlorobiontes (*Chlorobionta*). Ce sont des organismes de couleur verte car ils contiennent de la chlorophylle.

Les chlorobiontes contiennent deux infra-règnes : les chlorophytes qui incluent les algues vertes marines et une grande partie d'eau douce comme les cladophores aériennes, et les stréptophytes qui comprennent des algues d'eau douce ou aériennes mais aussi les embryophytes. D'un point de vue phylogénétique les embryophytes sont des algues vertes adaptées à la vie terrestre.

Les algues vertes ont des chloroplastes qui contiennent les chlorophylles a et b, qui leur donnent une couleur vert vif, ainsi que les pigments accessoires béta-carotène et xanthophylles. Les parois cellulaires de ces algues contiennent habituellement de la cellulose, et elles stockent des glucides sous forme d'amidon.

Généralement, les algues vertes sont des organismes eucaryotes suivant un cycle de reproduction appelé 'alternance des générations'.
L'envahissement d'un biotope par les algues vertes est souvent synonyme de pollution avec une concentration considérable de nitrates et/ou phosphates.
Les membres de la classe chlorophycée subissent une mitose fermée sous la forme la plus courante de la division cellulaire chez les algues vertes qui se produit par l'intermédiaire d'un phycoplaste.

I.4. Habitat

Selon les groupes et les espèces, les algues sont capables de coloniser presque tous les milieux. Elles sont rencontrées dans des eaux presque pures, des eaux surchargées en minéraux, des eaux thermales ou glacées, des eaux acides ou alcalines, ainsi que dans le milieu terrestre.

En milieu aquatique, elles peuvent être planctoniques (en suspension dans l'eau et incapables de mouvements propres suffisants pour résister à ceux des masses d'eau) ou benthiques (fixées ou en relation étroite avec le fond).

Un même groupe d'algues peut être significativement représenté à la fois dans le plancton et le benthos (les algues vertes, les diatomées) ou être très majoritairement planctonique (les haptophytes) ou presque exclusivement benthique (les algues rouges et brunes).

Les algues peuvent aussi être aériennes, se développent sur ou dans des végétaux ou des animaux, aquatiques ou terrestres (Reviers, 2016).

I.5. Utilisation

Plusieurs parties du monde sont connues pour la consommation directe des algues. Certains peuples autochtones d'Afrique, d'Amérique du Sud et du Mexique en consomment de petites quantités d'origine naturelle principalement pour un apport en vitamines et en éléments nutritifs.

Moins connus du grand public, quelques ingrédients dérivés d'algues sont utilisés dans la préparation des aliments. On y retrouve généralement des acides gras polyinsaturés, des pigments comme colorants naturels, des antioxydants, et des composés bioactifs.

En plus de la nourriture, les algues fournissent une grande variété de vitamines, nutraceutiques et autres nutriments.

Les produits alimentaires pour la santé dominent actuellement le marché des micro-algues. Une grande variété d'algues et de produits issus des algues ont montré des applications médicales ou nutritionnelles.

En 1996, au Japon seulement, la consommation d'aliments pour la santé issus de micro-algues s'élèverait à 2 400 tonnes (Person, 2010).

I.6. Généralités sur l'*Ulva sp*

Ulva : algue verte dont le thalle est une mince lame formée de deux assises cellulaires   (Roland et al. 2008).

Les espèces d'ulves *(Ulva)* (Fig.1) sont isomorphes **:** la phase végétative diploïde est le site de la méiose, libérant des zoospores haploïdes qui germent et poussent dans une phase haploïde en alternance avec la phase végétative.

I.6.1 Taxonomie

L'espece *Ulva sp*
Ordre : *Ulvales*
Famille *: Ulvacées*
Genre : *Ulva*

Fig 01: Structure d'*Ulva sp* observée sous le microscope photonique (G400)

I.6.2 Propriétés

Ulva sp est une algue qui présente plusieurs propriétés biologiques :
- Prévention des pathologies.
- Régulation du taux de cholestérol.
- Prévention des risques cardiovasculaires.

- Activités anti-thrombique et anti-tumorale.
- Stimulation des défenses immunitaire (chez les poissons et plantes).
- Activité anti-oxydante.

Chapitre II : Généralités sur la spiruline

II.1 Définition

Spirulina (Fig. 02) est une cyanobactérie filamenteuse et multicellulaire (Dansou, 2002). Elle représente le micro-organisme photosynthétique le plus abondant et commun des lacs saumâtres de l'Afrique centrale et du Mexique. Elle est consommée depuis les temps les plus anciens par certaines populations limitrophes du lac Tchad.

Ce microorganisme a la particularité de posséder une teneur élevée en protéines pouvant dépasser 60% du poids sec de l'algue. De plus, plusieurs propriétés utiles caractérisent cette cyanobactérie, à savoir la présence de vitamine B1, de ß carotène, d'acides gras insaturés (acide linoléique) et d'une protéine bleue fluorescente alimentaire: la phycocyanine, qui constitue une source prédominante de stockage d'azote.

Cette micro-algue a fait l'objet de nombreuses études dans plusieurs pays. Cependant, l'inconvénient de sa culture en masse réside dans la préparation du milieu de culture synthétique, communément appelé 'milieu Zarrouk'. Ce milieu nécessite des éléments minéraux très coûteux et une concentration importante (Ould Bellahcen et *al.* 2013).

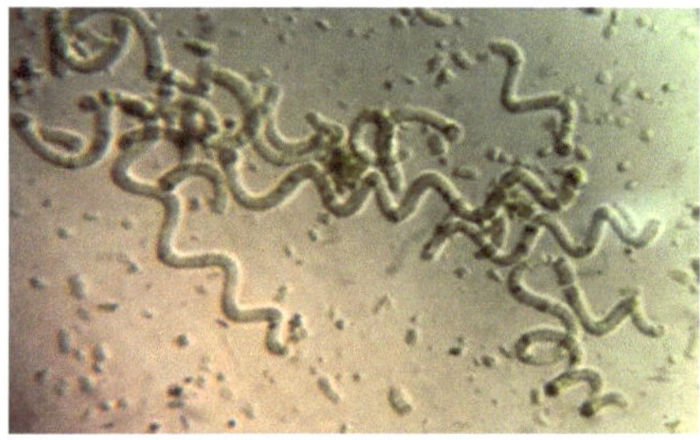

Fig 02 : Structure de la spiruline sous le microscope photonique (G400)

II. 2. Classification systématique

La terminologie relative à la spiruline est assez confuse. En effet, dans la littérature spécialisée, le lecteur est confronté à des confusions de termes, tels que Spiruline, Spirulina et *Arthrospira*. Ces confusions proviennent des disparités entre la détermination scientifique et la dénomination commerciale de ces Cyanobactéries.

D'après Girardin-Andréani (2005), la Spiruline est l'appellation commerciale d'une cyanobactérie alimentaire du genre *Arthrospira*, alors que Spirulina est, d'une part, le nom commercial anglais d'une Cyanobactérie alimentaire du genre *Arthrospira*, et d'autre part, le nom scientifique d'un genre de Cyanobactérie assez éloigné d'*Arthrospira*, comme *Spirulina subalsa*.

La classification systématique de la spiruline a été étudiée par plusieurs auteurs. Gardner (1917) a suggéré de retenir le nom 'Arthrospira' pour les formes à paroi visiblement cloisonnée et celui de 'Spiruline' pour les formes à cloisons invisibles.

Par la suite, Berguey (1994) les a classées comme suit :
Ordre : *Nostocales*
Famille : Oscillatoriaceae
Genre : *Spirulina*
Espèce : *S.platensis* et *S.maxima*

Selon Charpy et *al.* (2008), la spiruline est une cyanobactérie anciennement désignée par le terme 'algue bleue', puis par le terme 'cyanophycée'. Elle appartient donc au domaine des bactéries (*Bacteria*), et elle classée parmi les bactéries Gram négatif.

Les cyanobactéries forment l'essentiel des bactéries capables de photosynthèse avec production d'oxygène et peuvent être unicellulaires ou pluricellulaires. Selon Fox (1999), elles sont classées comme suit :

- Règne : *Monera*
- Groupe ou Sous-Règne : *Procaryotes*
- Embranchement : *Cyanophyta*
- Classe : *Cyanophyceae*
- Ordre : *Nostocales (=Oscillatoriales)*
- Famille : *Oscillatoriaceae*
- Genre : *Oscillatoria*
- Sous-Genre : *Spirulina*
- Sous-Genre : *Arthrospira*

II.3. Historique

Les premiers écrits autour de la spiruline datent du XVIe siècle lorsque les Espagnols partirent à la conquête de l'Amérique du Sud, et notamment du Mexique. Elle était consommée par les Aztèques (le peuple autochtone du Mexique) qui la collectaient sur l'eau des lacs de Mexico et qui l'appelaient

'Tecuitlatl'. Ils en faisaient un mets en la mélangeant à du maïs (Paniagua-michel et *al.* 1993 ; Margain, 2016).

Bien que déjà décrite par Wittrock et Nordstedt en 1844 sous le nom de *Spirulina jenneri platensis* (Fox, 1999), l'algue ne fut vraiment redécouverte que plus d'un siècle après par le botaniste belge Léonard lors d'une expédition belgo-française au Tchad (1964 - 1965).

Ce botaniste a constaté que les Kanembous, population autochtone du Kanem, une région située au nord du lac Tchad, écumaient la surface des mares aux environs du lac Tchad, à la recherche de la fameuse algue abondante sur ce lac et récoltée sous forme d'une purée bleu-verte. Cette purée était ensuite utilisée dans la préparation de gâteaux appelés « dihé » et vendus dans la région (Ciferri, 1983; Girardin-Andréani, 2005).

Un phycologiste français Dangeard (1947) avait examiné ces gâteaux dès 1940 et avait constaté qu'ils étaient faits d'une algue bleue comestible en forme de spirale. Le botaniste Leonard et son collègue Compere (1967) ont confirmé 25 ans plus tard les résultats obtenus par Dangeard. Dès lors, des chercheurs belges se sont adonnés à l'exercice de détection des gâteaux contenant essentiellement l'algue bleue (*Spirulina platensis*).

Ces résultats ont dirigé les pas des chercheurs vers Mexico. Tout en effet, dans le dihé, dans sa récolte, dans son utilisation, rappelle le tecuitlatl. Et de fait, le tecuitlatl est en réalité un gâteau de spiruline, extrêmement riche en protéines, appartenant à l'espèce *Spirulina maxima* (Paniagua-michel et *al.*1993).

Dans les 10 dernières années, les cultures intentionnelles et intensives de spiruline se sont implantées en plusieurs endroits du monde. La culture industrielle a repris sur le lac au Mexique en 1976 par la société Sosa Texcoco. Depuis, plusieurs entreprises se sont implantées un peu partout (Fox, 1999).

A l'heure actuelle, un minimum de 50 souches d'*Arthrospira* ont été découvertes de par le monde et étudiées pour en décrire leur diversité génétique. Il n'existerait alors qu'une ou deux espèces génétiques parmi ces souches; ce qui laisse à supposer que le nombre d'espèces de ce genre est fortement réduit (Charpy et *al.* 2008). Les souches les plus connues et les plus utilisées actuellement restent *S. platensis* provenant du Tchad et *S. maxima* provenant du Mexique.

II.4 Valeur nutritionnelle

La spiruline constitue une grande richesse nutritionnelle, car elle est composée de :

II. 4.1 Protéines

La spiruline constitue une fabuleuse source de protéines. Elles représentent 10 à 11% de la masse humide, soit 60 à 70% de sa matière sèche. Ce pourcentage est bien plus élevé que celui du poisson (25%), du soja (35%), de la poudre de lait (35%) et des céréales (14%) (Sall et *al.* 1999).

Les protéines de la spiruline apportent à l'organisme la quasi-totalité des acides aminés essentiels; ce qui en fait un aliment indispensable pour les végétariens.

II.4.2. Glucides

Les glucides constituent entre 15 et 25% de la matière sèche de la spiruline, les glucides simples étant en très faible quantité; ce qui est plutôt un avantage sur le plan diététique.

Les glucides représentent 15 à 20 % du poids sec de la spiruline (Ciferri, 1983). Ils représentent l'essentiel des glucides assimilables, tels que les glucosanes aminés (1,9% du poids sec) et les rhamnosanes aminés (9,7 %) ou encore le glycogène (0,5 %). Les glucides simples ne sont présents qu'en très faibles quantités : ce sont le glucose, le fructose et le saccharose. Il y'a aussi lieu de souligner la présence des polyols, tels que le glycérol, le mannitol et le sorbitol.

Du point de vue nutritionnel, la seule substance glucidique intéressante par sa quantité chez la spiruline est le méso-inositol phosphate qui constitue une excellente source de phosphore organique ainsi que l'inositol (350-850 mg/kg MS). La teneur de ce dernier est environ huit fois plus élevée que celle de la viande de bœuf et plusieurs centaines de fois que celle des végétaux qui en sont les plus riches.

Les polysaccharides de la spiruline présentent de multiples intérêts thérapeutiques, notamment dans la stimulation des mécanismes de réparation de l'ADN, dans son effet radio-protecteur et dans la neutralisation des radicaux libres (Christophe, 2010).

Spécialement, le Calcium spirulane polysaccharide spécifique a été isolé et partiellement caractérisé. Cette substance semble prometteuse comme antivirale dans certaines applications thérapeutiques (Falquet et Hurni, 2006).

II.4.3. Lipides et acides gras

Les lipides représentent généralement 5 à 6% (Sall et *al.* 1999) du poids sec de la spiruline, mais ce pourcentage peut atteindre 11% (Charpy et *al.* 2008). La plupart d'entre eux sont représentés par les acides gras essentiels. L'importance de ces acides gras tient de leurs devenirs biochimiques: ce sont les précurseurs des prostaglandines, des leukotriénes et des tromboxanes, qui sont des médiateurs chimiques des réactions inflammatoires et immunitaires (Falquet et Hurni, 2006).

Les principaux acides gras de la spiruline sont représentés dans le tableau II.

Tableau II : Principaux acides gras de la spiruline (Falquet et Hurni, 2006).

Acides gras	(%)
A. Palmitique (16:0)	25-60
A. Palmitoléique (16-1)	0,5-10
A. Stéarique (18 :0)	0,5-2
A. Oléique (18 :1)	5-16
A. Linoléique (18:2)	10-30
A. Gamma-linolénique (18:3)	8-40

II.4.4. Minéraux et oligo-éléments

Selon Christophe, (2010), plusieurs minéraux sont présents dans la spiruline, dont les plus intéressants sont : fer, magnésium, calcium, phosphore et potassium.

La présence du fer bio-disponible est à souligner, le fer présent dans les autres végétaux n'étant pas assimilable par l'homme. Il est à noter également la présence de sélénium et de fluor, connus pour leurs effets positifs (lutte contre les radicaux libres, prévention de la carie dentaire).

Le tableau III montre la composition de la spiruline en minéraux.

Tableau III : Composition de la spiruline en minéraux (mg/kg) (Flaquet et Hunri, 2006)

Minéraux	Teneur de la spiruline
Calcium	1300-14000
Phosphore	6700-9000
Magnésium	2000-4000
Fer	600-6000
Zinc	21-6000
Cuivre	8-2000
Chrome	2-8
Sélénium	0,01-5
Manganèse	25-37
Sodium	4500
Potassium	6400-15400

I1.4.5.Vitamines

La spiruline possède une teneur exceptionnelle en vitamine B12 (0,1-0,34 µg/g), laquelle est de loin la vitamine la plus difficile à obtenir dans un régime sans viande, car aucun végétal courant n'en contient (Falquet et Hurni, 2006).

La vitamine E fait partie de la famille des tocophérols et est reconnue comme antioxydant grâce à sa capacité à inhiber les peroxydations lipidiques (Cuvelier et *al.* 2003).

La teneur en vitamines de la spiruline est présentée dans le tableau IV.

Tableau IV : Teneur en vitamines en µg/g de matière sèche de spiruline (Gneclie, 2006).

Vitamines	Teneur
B1 (Thiamine)	34-50
B2 (Riboflavine)	30-46
B3 (Niacine)	130
B5 (Pantothénate)	4,6-25
B6 (Pyridoxine)	5-8
B8 (Biotine)	0,05
B9 (Folate)	0,5
B12 (Cobalamine)	0,1-0,34
Vitamine E (α-Tocophérol)	120
Provitamine A (β-Carotène)	700-1700
Cryptoxanthine	100
C (Acide ascorbique)	Traces

II.4.6. Caroténoïdes

Les caroténoïdes sont de longues molécules très hydrophobes. Ils sont colorés (jaune à rouge) et possèdent un système de double-liaisons conjuguées. Ces molécules constituent 80% de bêta-carotène avec un taux 20 à 25 fois plus élevé que celui de la carotte.

La spiruline renferme un spectre large de 10 caroténoïdes différents (Doumenge et *al.* 1993). L'ensemble de ses caroténoïdes travaillent en synergie au niveau de l'organisme pour en augmenter la protection face à l'agression des radicaux libres oxygénés responsables du vieillissement de la peau (Cruchot, 2008; Morin et *al.* 2014).

Ils sont utilisés en alimentation animale (pisciculture, aquaculture, aviculture) pour colorer les écailles et la chair, et en alimentation humaine, comme colorant alimentaire. Ils constituent une source de vitamine A.

II.4.7. Pigments

La spiruline est riche en pigments responsables de sa couleur. Les principaux pigments sont la phycocyanine et la chlorophylle.

II.4.7.1. Phycocyanine

Le terme 'phycocyanine' est originaire du grec, il est divisé en deux mots: «phyco» qui veut dire algue, et «cyanine» qui vient de la couleur cyan, dérivé aussi du grec «kyanos» qui signifie bleu vert (Wihitton et Potts, 2000). La phycocyanine est légèrement sucrée. Elle n'est pas toxique, et elle ne possède pas d'odeur particulière.

D'après Didier (2010), la phycocyanine représente de 10 à 15 % du poids sec de la spiruline. Cette molécule est accessoire à la chlorophylle qui capte environ 50% de la lumière photosynthétique.

Selon Richmond et Grobbelaar (1986), appartenant à la famille des phyco-biliprotéines, lors de sa dissolution dans l'eau, le pigment donne une couleur bleue brillante avec fluorescence rouge à environ 650 nm. Cet extrait présente des activités anti-oxydantes et anti radicalaires. Il est également considéré comme agent détoxifiant et revitalisant.

La fluorescence est utilisée comme un marqueur naturel dans des applications médicales et autres, telles que les méthodes immuno-enzymatique et immuno-diagnostique. Cependant, la phycocyanine est un pigment très instable, car il est photo- et thermo-sensible; il se dégrade rapidement (Ben Slimane et *al.* 2015).

Ce pigment est spécifique à l'algue bleu-vert puisqu'on ne le trouve nulle part ailleurs dans la nature. Il est considéré comme un précurseur de l'hémoglobine et de la chlorophylle dans la mesure où son noyau renferme à la fois un ion fer et un ion magnésium (Natésis, 2003).

II.4.7.2. Chlorophylle

La Spiruline a un taux plus élevé en chlorophylle que l'on puisse trouver dans la nature (environ 1%). Elle ne dépasse pas les niveaux de la Chlorella (2 à 3%), qui est aussi une micro-algue très intéressante sur le plan nutritionnel (Gneclie Mahi, 2006).

La chlorophylle est connue pour son pouvoir nettoyant et purifiant. Ses propriétés aident à détoxiquer l'organisme des agressions liées à la pollution (Gneclie, 2006).

II.5 Valeur thérapeutique

Jusqu'à tout récemment, l'intérêt pour la spiruline portait surtout sur sa valeur nutritive. A l'heure actuelle, elle attire de plus en plus l'attention des scientifiques médicaux comme source de produits pharmaceutiques. C'est ainsi qu'un bon nombre de chercheurs ont étudié les effets thérapeutiques possibles de ce micro-organisme.

Plusieurs études montrent que la spiruline, ou ses extraits, permet d'empêcher ou d'inhiber des cancers chez l'humain et l'animal. En 1995, une étude menée à Kerala (État indien) a rapporté que la régression d'un cancer oral chez 45% de patients ayant avalé 1g de spiruline par jour pendant un an était constatée (Babu et *al.* 1995).

La spiruline, de par sa teneur en fer et en vitamine B12, aide à lutter efficacement contre les formes d'anémie ferriprive et pernicieuse. Des études réalisées par Kabore en 2001 sur 59 enfants malnutris et anémiés ont révélé l'effet positif de la spiruline sur le taux d'hémoglobine et le nombre des hématies, et cela en 8 semaines de récupération.

Cette micro-algue sert aussi à traiter l'hyperglycémie chez les diabétiques. Une étude menée par Parikh et *al.* (2001) démontre qu'une prise de deux grammes de spiruline par jour pendant deux mois, réduit non seulement l'hyperglycémie à jeun mais aussi l'hyperglycémie postprandiale chez les sujets atteints du diabète de type 2.

En 1996, des chercheurs japonais ont découvert et baptisé « Calcium-spirulan » un extrait aqueux de spiruline particulièrement riche en calcium et en soufre. Le calcium-spirulan empêche la pénétration de la membrane cellulaire par certains virus comme le VIH-1, le Herpès Simplex, le virus de la grippe de type A et le virus de la rougeole (Hayashi et *al.* 1996).

Grâce à ses propriétés anti-oxydantes (acide gamma-linolénique, tocophérol, carotène et particulièrement la phycocyanine), la spiruline, d'une part, contribue à ralentir le vieillissement de la peau (Glamour Girl, 2009), et d'autre part, influe sur l'hématopoïèse en stimulant la   prolifération et la différenciation des cellules souches situées dans la moelle osseuse (Kozlenko et Henson, 1996).

II.6. Culture

Arthrospira (*Spirulina platensis*) est une micro-algue qui est très cultivée dans différents   milieux naturels (Benahmd Djilali, 2012; Benahmed Djilali et Benamara, 2013) et semi naturels (Adel et *al.* 2014), ou dans des milieux synthétiques contrôlés par une production à diverses échelles (Dansou, 2002; Jourdon, 2006).

Lorsque tous les éléments nécessaires à la croissance de la spiruline dans un milieu synthétique sont disponibles dans le bassin de culture, la croissance se produit sous les conditions suivantes (Fig. 03) :

- Bassin artificiel;
- Eau et sels minéraux;
- Une source de gaz carbonique - nécessaire à la photosynthèse;
- CO_2 nécessaire – Il doit se trouver dans le milieu sous forme d`ions carbonate (CO_3^-) ou bicarbonate (HCO_3^-);
- Une source d`azote ;
- Inoculum spiruline (souche);
- Lumière;
- Une agitation ou une roue à aube pour que l'utilisation de la lumière et les sels minéraux
   des algues soit optimale;
- Température comprise entre 25 et 40°C, et un pH basique variant de 8,5 à 11

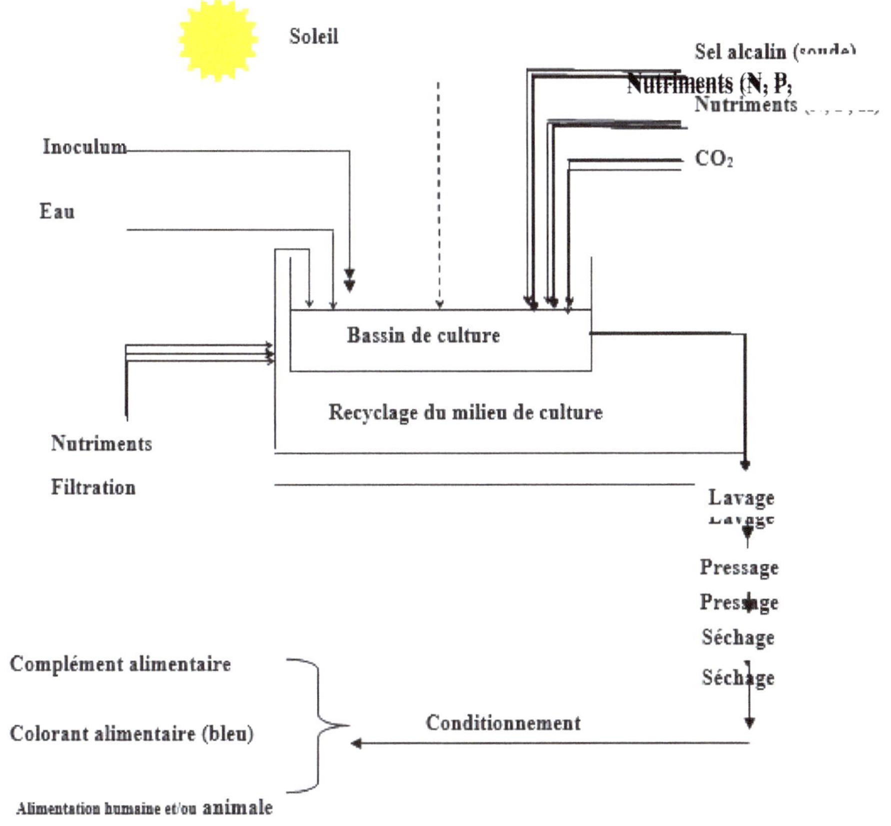

Fig 03 : Diagramme récapitulatif du processus de production de la spiruline et ses applications (Shimamatsu, 2004).

II.7. Utilisation

La spiruline est un aliment qui présente un intérêt nutritionnel connu, elle est recommandée comme complément alimentaire pour lutter contre la malnutrition (Benahmed Djilali et *al.* 2011).

Suite à des recherches génétiques, les scientifiques ont découvert que la spiruline contient beaucoup d'enzymes dont trois endo-nucléases de restriction. Ces dernières agissent comme des ciseaux pour couper l'ADN des microbes envahisseurs qui pénètrent dans ses cellules (Cruchot, 2008).

Il est à noter que l'endo-nucléase «Spl-1» est spécifique à la spiruline, car elle n'est pas retrouvée chez d'autres bactéries, champignons ou algues (Qishen, 1988).

Généralement, ces enzymes sont utilisées dans des expériences de recombinaisons génétiques in-vitro pour introduire des séquences d`ADN d`origines diverses dans des plasmides (Henrikson, 2007).

Chapitre III : Généralités sur les eaux usées

III.1. Définition

Selon Rejsek (2002), les eaux usées sont des eaux chargées de polluants solubles ou non, provenant essentiellement des activités domestiques, agricoles et industrielles. Ces eaux englobent également les eaux de pluie et leur charge polluante. Elles engendrent au milieu récepteur toutes sortes de pollution et de nuisance.

III.2. Origine

Suivant l'origine et la qualité des substances polluantes, on distingue quatre catégories d'eaux usées :

III.2. 1. Eaux usées domestiques

Elles proviennent des différents usages domestiques de l'eau. Elles sont essentiellement porteuses de la pollution organique. Elles se répartissent en eaux ménagères, qui ont pour origine les salles de bains et cuisines, et sont généralement chargées de détergents, de graisses, de solvants et de débris organiques, et en eaux de vannes. Ces dernières sont constituées des rejets des toilettes chargés de diverses matières organiques azotées et de germes fécaux (El Hachemi, 2012).

III.2. 2. Eaux usées industrielles

Ce sont les eaux usées qui proviennent de locaux utilisés à des fins industrielles, commerciales, et artisanales (Aba Aaki, 2012).

Elles sont très différentes des eaux usées domestiques. Leurs caractéristiques varient d'une industrie à l'autre. En plus des matières organiques - azotées ou phosphorées, elles peuvent également contenir des produits toxiques, des solvants, des métaux lourds, des micropolluants organiques et des hydrocarbures (Metahri, 2012).

III.2. 3. Eaux agricoles

Ces eaux proviennent des terres cultivées après lessivages et ruissellement. Elles sont riches en éléments fertilisants (azote et phosphore) et en polluants organiques (pesticides) (Aba Aaki, 2012).

III. 2. 4. Eaux pluviales

Ces eaux proviennent des précipitations atmosphériques. Elles se chargent d'impuretés au contact de l'air (fumées industrielles), puis, en ruisselant, des résidus déposés sur les toits et les chaussées des villes (huiles de vidange, carburants, résidus de pneus et métaux lourds...) (El Hachemi, 2012).

III.3. Caractéristiques

III.3.1. Paramètres physiques

III.3.1.1. Température

La température est un facteur écologique important dans les milieux aqueux, et son élévation peut perturber fortement la vie aquatique (pollution thermique). Elle joue un rôle important dans la dénitrification biologique (Merair et Salmi, 2014).

Ce facteur a des effets sur la solubilité des sels et surtout des gaz, et aussi sur le pH et la détermination de l'origine de l'eau et des éventuels mélanges (Rodier et *al.* 2005).

III.3.1.2. Matières en suspension (MES)

Ce sont les matières non dissoutes contenues dans l'eau et exprimées en (mg/L). Elles comportent à la fois des éléments minéraux (MMS) et organiques (MVS). Ces matières constituent un paramètre important qui marque bien le degré de pollution d'un effluent urbain ou même industriel. Les MES s'expriment par la relation suivante :

$$MES = 30\% \; MMS + 70\% \; MVS$$

III.3.2.Paramètres organoleptiques

III.3.2.1. Turbidité

D'après Rejsek (2002), la turbidité représente l'opacité d'un milieu trouble. Elle désigne aussi la réduction de la transparence d'un liquide due à la présence de matières non dissoutes. Généralement, la turbidité des eaux est causée par la présence de matières en suspension (MES) fines, comme les argiles, les limons, les grains de silice et les micro-organismes. Elle varie suivant les MES présentes dans l'eau (Metahri, 2012).

III.3.2.2. Couleur

La couleur d'une eau est dite vraie ou réelle lorsqu'elle est due aux seules substances en solution. Elle est dite apparente quand les substances en suspension y ajoutent leur propre coloration (Rodier et *al.* 2005).

III.3.3. Paramètres chimiques

III.3.3.1. pH

Les micro-organismes sont très sensibles aux variations du pH, et un développement correct de la faune et de la flore aquatique n'est possible que si sa valeur est comprise entre 6 et 9 (Metahri, 2012). L'influence du pH se fait également ressentir par le rôle qu'il exerce sur les autres éléments, comme les ions des métaux dont il peut diminuer ou augmenter la disponibilité en solution et donc la toxicité. Le pH joue un rôle important dans l'épuration d'un effluent et le développement bactérien (Merair et Salmi, 2014).

III.3.3.2. Conductivité

La conductivité est la propriété que l'eau possède pour favoriser le passage d'un courant électrique. Elle est due à la présence dans le milieu d'ions qui sont mobiles dans un champ électrique. Elle dépend de la nature de ces ions dissous et de leur concentration.

En effet, la mesure de la conductivité fournit une indication précise sur la teneur en sels dissous (salinité de l'eau). Elle s'exprime en siemens par mètre (S/m) et permet d'évaluer la minéralisation globale de l'eau.

III.3.3.3. Oxygène dissous

L'oxygène dissous est un composé essentiel de l'eau, car il permet la vie de la faune et il conditionne les réactions biologiques qui ont lieu dans les écosystèmes aquatiques. La solubilité de l'oxygène dans l'eau dépend de différents facteurs, dont la température, la pression et la force ionique du milieu. La concentration en oxygène dissous est exprimée en mg O_2 L^{-1} (Rejsek, 2002).

III.3.3.4. Demande Biochimique en Oxygène (DBO)

Elle exprime la quantité de la matière organique biodégradable présente dans l'eau. Elle est exprimée en mg d'oxygène par litre. Plus précisément, ce paramètre mesure la quantité d'oxygène nécessaire à l'oxydation de la matière organique par voie aérobie (El Hachemi, 2012). On prend souvent la DBO_5 comme référence: quantité d'oxygène consommée par les bactéries à 20°C à l'obscurité et pendant 5 jours d'incubation d'un échantillon préalablement ensemencé (Rodier, 1996).

III.3.3.5. Demande Chimique en Oxygène (DCO)

Elle mesure la quantité d'oxygène nécessaire pour la dégradation chimique de toute la matière organique biodégradable contenue dans les eaux à l'aide du bichromate de potassium à 150°C. Elle est exprimée en mg O_2/L. La valeur du rapport DCO/DBO indique le coefficient de biodégradabilité d'un effluent.

Généralement, la valeur de la DCO est variable :

DCO = 1,5 à 2 fois DBO   Pour les eaux usées urbaines ;
DCO = 1 à 10 fois DBO   Pour l'ensemble des eaux résiduaires ;
DCO > 2,5 fois DBO   Pour les eaux usées industrielles (Rodier, 1996).

III.3.4. Paramètres bactériologiques

Selon l'origine de l'eau, on peut trouver différentes espèces de bactéries ainsi que d'autres micro-organismes. Généralement, les eaux usées domestiques sont les plus susceptibles d'être porteuses de germes qui peuvent être pathogènes. On y trouve surtout les germes fécaux tels que les coliformes, les streptocoques fécaux, et les bactéries sulfito-réductrices (Rodier et *al.* 2005).

La biodégradabilité traduit l'aptitude d'un effluent à être décomposé ou oxydé par les micro-organismes qui interviennent dans le processus d'épuration biologique des eaux. On peut noter aussi la présence parfois de certains composés chimiques à des doses variables, tels que l'azote, les nitrates, l'azote ammoniacal, le phosphore et le sulfate (Rodier et *al.* 2005).

III.4. Traitements

Le traitement des eaux usées est nécessaire à la préservation de notre environnement altéré par de nombreuses pollutions. Il est ainsi indispensable de traiter les eaux usées urbaines et industrielles avant leur rejet dans le milieu naturel.

Les méthodes utilisées et les filières de traitement définies dépendent de l'origine des eaux à traiter et de l'objectif du traitement lié à la qualité du milieu récepteur. Les principales techniques mises en œuvre sont de nature physique, chimique, physico-chimique ou biologique (Abouzlam, 2006).

III. 4. 1. Prétraitements

Les prétraitements constituent une phase d'épuration grossière au cours de laquelle on élimine tous les éléments solides volumineux et grossiers (sables, corps gras) qui pourraient d'ailleurs endommager les installations par la suite. Notons que l'on retire alors environ 35% des éléments polluants (Moulin et *al.* 2013). Parmi les étapes de prétraitement, on peut citer le dégrillage, le dessablage, le déshuilage et le dégraissage.

III.4.1.1. Dégrillage

Il s'agit de séparer les eaux brutes des matières les plus volumineuses (gros débris solides), en faisant passer l'effluent d'entrée à travers des barreaux dont l'espacement est déterminé en fonction de la nature de l'effluent (Merair et Salmi, 2014).

III.4.1.2. Dessablage

Le dessablage a pour but d'extraire des effluents bruts, tels que les graviers, le sable et les particules minérales plus ou moins fines, de façon à éviter les dépôts dans les canaux et conduites, ainsi pour protéger les pompes et autres appareils contre l'abrasion et éviter de surcharger les stades de traitements ultérieurs.

III.4.1.3. Déshuilage et dégraissage

Le déshuilage est une opération de séparation liquide-liquide, alors que le dégraissage est une opération de séparation solide-liquide - à condition que la température de l'eau soit suffisamment basse pour permettre le piégeage des graisses. Ces deux procédés visent à éliminer la présence des corps gras dans les eaux usées, ceux-ci pouvant gêner l'efficacité de traitement biologique qui intervient par la suite (Metahri, 2012).

III.4. 2. Traitements physico-chimiques (traitements primaires)

Le traitement primaire au sens strict est un traitement physico-chimique. Il est possible d'ajouter dans l'eau des agents coagulants et floculants. On peut alors récupérer un grand nombre de particules en suspension par décantation ou floculation (boues physico-chimiques) (Moulin et *al.* 2013).

Les performances de la décantation peuvent être améliorées par l'ajout des produits chimiques (sulfate d'alumine, chlorure ferrique, etc...), qui neutralisent les particules chargées, en augmentant ainsi la probabilité de collision entre les particules (coagulation et floculation), ainsi que la formation des flocs par la suite facilement décantables (Aba Aaki, 2012). Cette étape permet d'éliminer 90% des particules et corps en suspension (Moulin et *al.* 2013).

III.4. 3. Traitements biologiques (traitements secondaires)

Ces traitements permettent d'éliminer les polluants dissous. Pour cela, on utilise des populations de micro-organismes capables de les dégrader (Moulin et *al.* 2013). Ces procédés, basés sur l'activité bactérienne dégradant les composés organiques, sont classés en deux groupes selon le genre de bactéries présentes dans l'eau (Abouzlam, 2006):

- les procédés aérobies nécessitant la présence d'oxygène;
- les procédés anaérobies se développant en absence d'oxygène.

Il existe plusieurs procédés biologiques d'épuration. On distingue souvent les procédés biologiques extensifs et intensifs.

III. 4. 3. 1. Procédés biologiques extensifs

Dans ces procédés, tout se passe naturellement sans intervention artificielle et mécanique. Parmi ces procédés, on peut citer :

> *Épuration par le sol*

Ce procédé compte sur les propriétés de filtration et la capacité du sol à assimiler une masse bactérienne active (Abouzlam, 2006).

> *Lagunage naturel*

Les eaux usées sont stockées dans des plans d'eaux peu profondes : les lagunes. L'activité microbienne se fait naturellement: échange avec l'atmosphère et photosynthèse. Des aérateurs peuvent être utilisés pour brasser l'air et optimiser l'activité des bactéries. Ces processus permettent la formation de boues de lagunage au fond des bassins. Ces boues sont ensuite récupérées (Moulin et *al.* 2013).

III.4. 3. 2. Procédés biologiques intensifs

La prolifération des bactéries est activée artificiellement dans ces procédés. Ils peuvent appartenir à deux grandes catégories :

> *Procédés biologiques à culture libre*

Dans ce procédé, les bactéries sont en suspension (boues activées) et en contact permanent avec les matières organiques et l'oxygène.

> *Procédés biologiques à culture fixe*

Par contre, dans celui-ci, les bactéries ne sont pas en suspension dans l'eau à traiter. Ces micro-organismes se développent sur un support, tels que les cailloux, le plastique, etc... En effet, le film bactérien développé sur les surfaces du support constitue ce que l'on appelle le bio-film. Ce dernier permet la dégradation des matières organiques (Abouzlam, 2006).

III.4. 4. Traitements tertiaires

Ces traitements sont à la fois des procédés physico-chimiques et biologiques réalisés après les traitements primaires et secondaires afin d'éliminer des éléments nutritifs résiduels, des polluants organiques résistants, des métaux, des pigments, etc. On peut, par exemple, utiliser des traitements biologiques avancés pour éliminer le phosphore par le Déplacement Nutritif Biologique (DNF). Pour cela, on fait passer l'eau chargée en micro-organismes par différents réservoirs et sous des conditions environnementales différentes (différence de concentration en dioxygène par exemple). On récupère ensuite les boues lors d'un nouveau passage dans un clarificateur.

Un autre type de traitement que l'on pourrait classer comme tertiaire est le traitement aux UV. Ceci est un procédé par lequel on dénature des molécules, tels que les œstrogènes, ces derniers étant très sensibles à ce type de rayons (Moulin et *al.* 2013).

Chapitre IV : Généralités sur les margines et les huiles usagées

IV.1. Définition des margines

Les margines sont des effluents liquides, résiduels aqueux, de couleur brune rougeâtre, qui sont transformés en margine de couleur noire et d'aspect trouble. Elles sont caractérisées par un pH acide de 4 à 5 (Nefzaoui, 1987; Eroglu et *al.,* 2008 ; Hachicha et *al.,* 2009 ; Yaakoubi et *al.,* 2009 ; Yalcuk et *al.* 2010), et elles sont nommées Alpechine (Ramos-Cormenzana et *al.* 1995).

IV.1.2. Origine

Les margines sont obtenues lors de l'extraction de l'huile d'olive à partir de l'eau contenue dans les olives et de l'eau ajoutée au cours du broyage et des étapes de trituration (Galanakis et *al.* 2010). Elles sont généralement composées de particules de poussière ainsi que de petites quantités de matière grasse issue des fruits plus ou moins abimés. Au vu de leur faible contenu organique, ces fluides sont facilement recyclables par une décantation simple ou par filtration.

Avec les modes de production modernes, le pressage et le traitement d'une tonne d'olives produit en moyenne 1,5 tonne de margines (Benyahia et Zein, 2003).

On distingue quatre types d'eaux constituant les margines, à savoir:
- ➢ Eaux de végétation du fruit;
- ➢ Eaux de lavage du fruit;
- ➢ Eaux de rinçage des trémies de stockage;
- ➢ Eaux ajoutées au cours du malaxage;
- ➢ Eaux de lavage d'huile.

Les eaux de végétation d'olives constituent 40 à 50% des margines, elles proviennent du fruit d'olive (Nefzaoui, 1991). Les eaux de lavage sont issues de la dernière centrifugation d'huile suite à un lavage avec une proportion d'eau chaude. Elles représentent l'ensemble des déchets aqueux contenus dans l'huile d'extraction et de l'eau chaude ajoutée.

Les eaux de lavage sont additionnées au déchet liquide généré lors de l'extraction dans le premier décanteur, et l'ensemble constitue la margine.

Par contre, dans le cas des huileries équipées d'un système continu à deux phases, ces eaux constituent le seul déchet liquide. En conséquence, il n'y a pas de production de margine durant la phase d'extraction.

IV.1.3. Composition générale

La margine est un liquide d'aspect trouble, de coloration brun-rougeâtre à noire. Son odeur rappelle celle de l'huile d'olive, mais elle peut devenir incommodante lors des phénomènes de rancissement ou de fermentation (Ranalli, 1991).

IV.1.3.1. Composition en eau

Les margines sont composées de 40 à 50 % de l'eau végétale qui provient du fruit (olive), et le reste constitue l'eau de fabrication ajoutée lors du processus de trituration (Nefzaoui, 1987).

IV.1.3.2. Composition minérale

Généralement, les margines sont composées d'azote, de phosphore, de potassium, et de magnésium, avec diverses teneurs (Karapinar et Worgan, 1983). Le tableau V présente la composition minérale des margines.

Tableau V: Composition minérale des margines (Lutwin et *al.* 1996).

Substances minérales	Valeurs (Kg/m^3)
Azote	0,6 à 2
Phosphore	0,5 à 0,1
Potassium	12 à 3,6
Magnésium	0,05 à 0,2

IV.1.3.3. Composition organique

La partie organique des margines présente une composition complexe constituée principalement de: lipides, tanins, sucres, poly-phénols et autres composés (Tableau VI).

Tableau VI: Composition générale des margines

Composants	Teneur (%)	Références
Eau	83 – 88	
Matières organiques	10 – 15	
Matières minérales	1,5 – 2	(Sansoucy, 1991)
Matières azotées totales	1,25 - 2,4	
Matières grasses	0,08 –1 1-14	(Sansoucy, 1991; Fiestas et Borja, 1992)
Polyphénols	1-1,5 2 -15	

Tannins	8 -16	
Polyalcools	3 – 10	
Protéines	8 -16	(Fiestas et Borja, 1992)
Acides organiques	3 - 10	

Les composés phénoliques des margines sont très divers et leur structure très variable. Ils proviennent de l'hydrolyse enzymatique des glucides et des esters de la pulpe d'olive au cours du processus d'extraction. Leur solubilisation dans l'huile est souvent inférieure à celle des eaux de végétation. Ces composés sont parfois plus abondants dans les margines que dans l'huile (Ramos-Cormonzana, 1986). La concentration de ces composés dépend aussi du temps de stockage avant l'extraction. Plusieurs monomères ont été identifiés dans les margines, à savoir : anthocyanes, lignine et tanins (Wagner, 1984).

IV. 1.4. Impact des margines sur l'environnement

Les huileries d'olives rejettent leurs margines chargées de matières organiques et de substances toxiques dans la nature ou dans un réseau d'égouts sans aucun traitement préalable; ce qui détériore le milieu récepteur.

Les margines ont une forte charge polluante, car par exemple, la pollution générée par 2Kg d'olives pressées correspond à celle causée par une personne. En conséquence, l'activité des huileries a une influence négative considérable sur la qualité de notre environnement (Scandia Consult, 1992).

Les margines génèrent de fortes odeurs nuisibles liées à l'émission de méthane et d'autres gaz irritants tel que le sulfure d'hydrogène H_2S (Niaounakis et Halvadakis, 2004). Elles sont responsables de la contamination des eaux, des sols, et de graves effets sur le développement de la faune et de la flore (Komnitsas et *al.* 2016).

IV.1.4.1. Pollution des eaux

Dans la plupart des cas, les margines sont rejetées dans des récepteurs naturels sans aucun contrôle préalable : ce qui affecte la qualité des eaux de surface. La forte charge en matière organique DCO et DBO empêche ces eaux de s'auto-épurer, et la pollution peut s'étendre sur de très longues distances (Mebirouk, 2002).

En sus, les composés phénoliques des margines sont très divers et peu dégradables à cause des substances phyto-toxiques et antimicrobiennes qu'elles contiennent (Vasguez, 1978).

IV.1.4.2. Pollution des sols

L'impact direct des margines sur le sol est l'origine de diverses nuisances causées par leur pH acide, leur salinité élevée ainsi que leur abondance en composés phénoliques qui provoquent la destruction de la microflore du sol et induisent des effets toxiques aux cultures végétales (Fiestas, 1981). Ceci entraine la stérilisation du sol et le déséquilibre de la symbiose entre la microflore du sol et les plantes (Morisot et Tourner, 1986).

IV.2. Définition des huiles usagées

Les huiles lubrifiantes sont des liquides visqueux utilisées pour la lubrification des parties mobiles des moteurs et machines. Après une période d'utilisation, elles se dégradent et se transforment en ce que l'on appelle communément 'les huiles usagées' (Mazouzi et *al.* 2014). Ces huiles sont définies comme étant des huiles minérales ou synthétiques, qui sont devenues impropres à l'usage auquel elles étaient destinées (Damien, 2009).

IV.2.1. Composition

Selon Bliefert et Perraud (2001), les principales composantes des huiles usagées consistent en hydrocarbures aliphatiques et aromatiques. Il y a également la présence de composés organiques et inorganiques (chlore, souffre, phosphore, brome, azote, zinc, magnésium, baryum, plomb) et des contaminants accumulés lors de l'utilisation ou l'élimination.

Les huiles usagées sont de même nature que les huiles lubrifiantes introduites initialement dans les moteurs et qui sont composées d'un cocktail d'additifs et caractérisées par une viscosité plus élevée (Mohellebi et *al.* 1999).

IV.2.2. Impact des huiles usagées sur l'environnement

Les huiles usagées sont classées comme étant des déchets dangereux, d'où l'interdiction de rejet dans l'environnement (Ballet, 2008). Elles sont très peu biodégradables et plus légères que l'eau, et elles ont un pouvoir de couverture de surface très considérable. A titre d'exemple, un litre d'huile usagée peut polluer une superficie de 1000 m^2 d'eau avec des conséquences très nocives, telles que la réduction de l'oxygène et de la lumière dans le milieu récepteur (Addou, 2009).

IV.2.3. Traitement des huiles usagées

Les huiles usagées sont classées dans la catégorie des déchets dangereux. Une gestion inappropriée de ces huiles peut avoir des effets significatifs à la fois sur la santé et sur l'environnement (Moletta, 2009). Ces huiles peuvent être traitées par régénération ou raffinage: 3litres d`huiles usagées donnent 2 litres d`huiles régénérées (Ballet, 2008).

Le schéma de la Figure 04 résume les étapes du processus de traitement des huiles usagées.

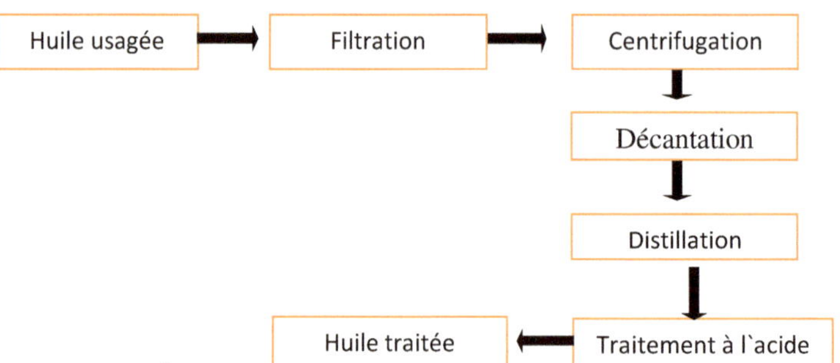

Fig 04: Étapes du processus de traitement des huiles usagées (Mazouzi et *al.* 2014).

Partie expérimentale

Chapitre V : Essai de dépollution des eaux usées de l'ENIEM par la spiruline

V.1. Généralités sur l'ENIEM

L'Entreprise Nationale des Industries de l'Électroménager (ENIEM) est le leader en Algérie dans la fabrication des appareils électroménagers. Elle est l'une des plus anciennes entreprises nationales (Harouz, 2012). Sa mission consiste en la fabrication, l'assemblage, la vente et la promotion des services après-vente des produits électroménagers (Dahmoune, 2009).

Le siège social de l'entreprise mère se situe au chef-lieu de la Wilaya de Tizi-Ouzou. Les unités de production, cuisson, et climatisation sont implantées dans la zone industrielle Aïssat Idir de Oued-Aïssi, distante de 7 km du chef-lieu de la Wilaya.

La production est une activité principale de l'ENIEM. Elle nécessite l'acquisition de matières premières, de composants et de pièces de rechange (compresseurs, plaques évaporateurs, tubes aluminium, tôles et fils d'acier, robinetteries à gaz, etc…) utiles au fonctionnement des unités de fabrication dans les meilleures conditions en terme de coûts, de délais et de qualité conformément aux exigences de la gestion de la production (Harouz, 2012).

Le tableau ci-dessous montre l'évolution de la production de l'ENIEM de 2005 à 2009.

Tableau VII : Évolution de la production de l'ENIEM (valeur en KDA) (Dahmoune, 2009).

Année	Froid	Cuisson	Climatisation	Production totale
2005	3 508 164	1 033 863	460 126	**5 002 153**
2006	2 835 382	1 091 574	25 739	**3 952 695**
2007	2 699 343	950 261	239 911	**3 889 515**
2008	2 868 567	1 016 991	675 904	**4 561 461**
2009	2 811 245	1 092 328	1 099 498	**5 003 071**

V.2 Pollution engendrée par l'ENIEM

L'ENIEM est une usine qui produit beaucoup de déchets solides. Ces derniers peuvent être du plastique, du bois, des rebuts métalliques, des bidons, du carton, des boues d'émaillage, des produits d'emballage, etc. Ces déchets sont vendus à des entreprises de récupération. Cependant, certains produits et emballages dangereux, tels que d'anciens fûts de cyanure, ne sont pas mis en vente, mais ils sont stockés sur des aires à ciel ouvert ou sous abris.

Ladite usine est pourvue de deux réseaux séparés de collecte des effluents: le premier pour l'eau domestique et l'eau de lavage industrielle de refroidissement et de traitements divers (partie production) et le deuxième pour les eaux industrielles des ateliers de traitement de surface et les effluents chromés (concentrés et dilués) destinées à l'adduction vers la station de neutralisation (Fig. 05). Les deux réseaux se rejoignent dans un canal semi-enterré d'évacuation vers l'extérieur de l'usine (Lembrouk, 2012).

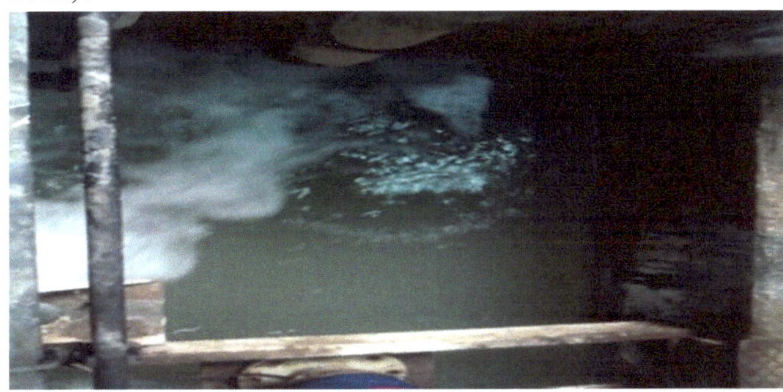

Fig 05 : Eaux industrielles de l'ENIEM versées dans la station de neutralisation.

V.3. Méthodes de traitement des eaux industrielles de l'ENIEM

Grace à la station de neutralisation et celle d'épuration, les eaux résiduaires sont traitées par le moyen des procédés suivants (Lembrouk, 2012) :

- Réduction du chrome Cr^{6+} au bisulfite de sodium en Cr^{3+}.
- Neutralisation des eaux basiques et acides par auto-neutralisation par mélanges et / ou par addition de soude et d'acide sulfurique.
- Contrôle du pH et analyse de Cr^{6+}.
- Floculation (polyéléctrolyte) sur séparateur à lamelles dans les bassins de décantation.
- Rejet des effluents liquides dans le canal d'assainissement.
- Envoi des boues vers les lits de séchage.
- Stockage des boues dans des fûts dans l'enceinte de l'entreprise.

V.4. Culture de la spiruline dans les eaux usées de l'ENIEM

Dans cette étude, les eaux usées de l'ENIEM ont été utilisées comme source de nutriments pour la culture de la spiruline. Ces eaux proviennent de la station d'épuration des rejets de l'ENIEM située dans la zone industrielle d'Oued Aïssi, comme cité plus haut.

L'eau utilisée a été prélevée dans des bouteilles en verre d'1 litre de capacité, puis conservée dans le réfrigérateur à 4°C. Par la suite, l'eau usée a subi un traitement préliminaire de stérilisation dans un autoclave en vue de leur décontamination pour une utilisation ultérieure.

L'eau de l'ENIEM peut contenir différentes substances chimiques, organiques et métalliques, telles que : hydrocarbures, métaux, acides et bases, ainsi que des produits chimiques divers.

Quelques paramètres physico-chimiques de l'eau usée de l'ENIEM sont présentés dans le Tableau ci-dessous.

Tableau VIII: Paramètres physico-chimiques de l'eau usée de l'ENIEM.

Couleur	pH	DBO$_5$ (mg d'O$_2$/L)	DCO (mg d'O$_2$/L)
Jaune -marron	7,04±0,008	58,9	163,4

La spiruline (*Spirulina platensis*) utilisée dans notre étude est une micro-algue en forme de petits granulés secs de couleur verte (poudre verte) (Fig.06). Cette souche provient du Burkina-Faso.

Fig. 06: Aspect de la poudre de spiruline utilisée.

La poudre de spiruline a subi un préchauffage à 65°C pendant 15min dans une étuve dans le but d'assurer sa qualité hygiénique. La poudre traitée est conservée dans une boite fermée hermétiquement pour la mettre à l'abri de l'air, la lumière et l'humidité.

La revivification de la poudre de spiruline est une étape préliminaire qui a pour objectif d'obtenir des filaments mono-algaux utilisés comme inoculum pour la culture (Benahmed Djilali, 2012). La souche revivifiée dans l'eau bicarbonatée donne des filaments qui se détachent les uns des autres. Les grains de sable et autres débris solides se déposent au fond de la fiole. Le milieu se colore en vert bleu, et ceci est dû au pigment extracellulaire de la spiruline, plus particulièrement la phycocyanine.

Deux solutions de bicarbonate de sodium (4 et 10%) pré-stérilisées ont été utilisées pour la revivification de la spiruline.

En première étape, une quantité de poudre de spiruline (12,2 g) a été mise dans un erlenmeyer de 500 ml, puis nous avons ajouté la solution de bicarbonate à 4% pré-stérilisée. Le mélange est incubé à 37°C pendant 48 h. Le culot est récupéré suite à une centrifugation, puis lavé deux fois avec de l'eau physiologique stérile. Le culot ainsi obtenu est placé dans un erlenmeyer de 250 ml avec la solution de bicarbonate à 10% pré-stérilisée et incubé dans une étuve à 37°C pendant 72 h. Après incubation, la culture est centrifugée et le culot a subi un double-lavage avec de l'eau physiologique stérile.

En phase finale, le culot est introduit dans 100 ml d'eau physiologique stérile (inoculum) (Fig. 07), et conservé à 37°C pour des cultures ultérieures.

Fig 07 : Aspect d'inoculum de spiruline

V.5. Optimisation de la culture de spiruline dans l'eau usée de l'ENIEM

Afin d'optimiser les conditions de culture de spiruline dans l'eau usée de l'ENIEM, trois essais de culture ont été réalisés.

V.5.1. Essai de culture de spiruline dans l'eau usée de l'ENIEM (Milieu M_0)

La culture de spiruline dans l'eau usée de l'ENIEM (Milieu M_0) a été conduite à 37°C en mode Batch dans des erlenmeyers de 500ml. Le rapport volume inoculum/volume d'eau usée adopté est de 10 : 100 (V/V)%. La densité initiale d'inoculum est de 0,821. La culture est réalisée en l'absence de la lumière et de l'aération. Par contre, l'agitation périodique de la solution est réalisée manuellement.

Les résultats de la culture de spiruline dans les eaux usées de l'ENIEM (milieu M_0) révèlent une croissance de la spiruline durant une période de 9 jours, puis, au-delà de cette période, un jaunissement de la biomasse a été constaté. Le jaunissement de la biomasse se traduit par l'inhibition de la croissance liée, d'une part, à l'abaissement du pH du milieu (Fig. 08) et, d'autre part, à l'insuffisance de certains nutriments nécessaires à la croissance de spiruline.

En effet, la diminution du pH du milieu est due au dégagement du CO_2 par la spiruline lorsque la respiration est intense (Fox, 1986). D'après Jourdan (2006), le pH optimum d'un milieu doit être d'au moins 9, car s'il est trop bas, la culture risque de mal démarrer, avec formation de grumeaux ou précipitation de la spiruline au fond du bassin.

Étant donné que l'eau usée utilisée ne présente pas une forte charge en matières organiques (DCO = 163,4 mg d'O_2/L), l'inhibition est fortement liée à une déficience en certains éléments minéraux. En effet, d'après Ould Bellahcen et *al.* (2013), les deux facteurs (forte charge en matières organiques et la déficience en éléments minéraux) peuvent gêner et affecter la croissance de la spiruline. Ces auteurs ont démontré la faisabilité de la culture de spiruline dans l'eau usée domestique traitée en aérobiose à une DCO de 168,4 mg d'O_2 /L et supplémentée en six éléments minéraux ($NaHCO_3$, K_2HPO_4, $NaNO_3$, K_2SO_4, $NaCl$, et $FeSO_4$).

Selon Jourdan (2006), une faible croissance de spiruline peut être due à une faible teneur ou à l'absence totale de phosphate, d'azote ou encore du fer dans le milieu de culture. D'après le même auteur, les spirulines sous-alimentées en azote ou en fer ont tendance à se précipiter au

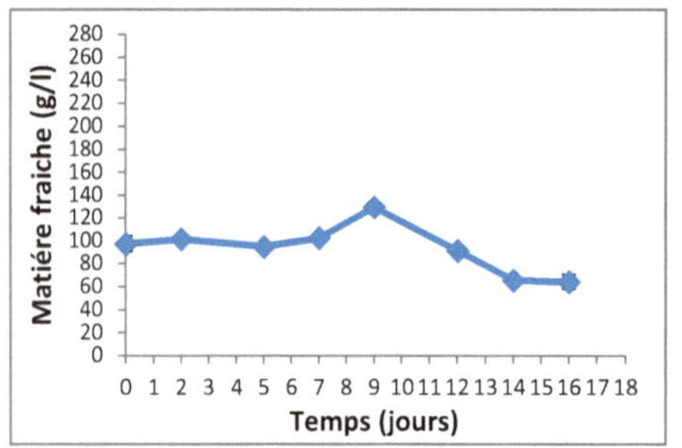
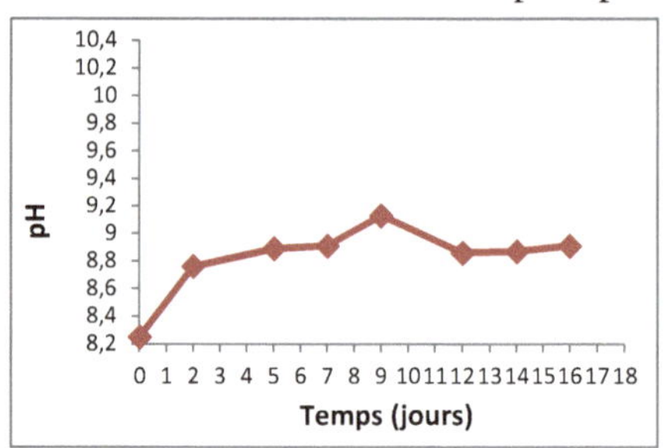

fond du bassin (milieu de culture), ou encore le manque de potassium provoque des cassures des spirulines en petits fragments.

Fig 08 : Évolution des paramètres de la culture de spiruline dans l'eau usée de l'ENIEM (milieu M_0).

V.5. 2. Essai de culture de spiruline dans le milieu M0 enrichie avec les cendres de bois de figuier

Au vu des résultats de la première expérience, qui montrent une inhibition de la culture de spiruline dans l'eau usée de l'ENIEM sous l'effet de l'abaissement du pH, un enrichissement de la culture par la solution de cendres de bois de figuier (source des minéraux et d'alcalinité) a été réalisé tel que préconisé par Benahmed Djilali, (2012) pour contrer cet effet. Les cendres de bois utilisées doivent être stériles et riches en sels solubles (les branches sont plus riches que les troncs) (Jourdan, 2006).

L'optimisation de l'alcalinité de l'eau usée de l'ENIEM (Milieu M_0) nous a permis de d'utiliser trois milieux :

Milieu M_1 (pH 10,59±0,011) stérilisé préparé à raison de (1/2 :1/2 V/V) ml, respectivement du milieu M_0 et de la solution des cendres de bois de figuier (10%). Milieu M_2 (pH 10±0,047) stérilisé préparé à raison de (3/4 :1/4 V/V) ml, respectivement du milieu M_0 et de la solution des cendres de bois de figuier (10%). Milieu M_3 (pH11±0,036) stérilisé préparé à raison de (1/4 :3/4 V/V) ml, respectivement du milieu M_0 et de la solution des cendres de bois de figuier (10%).

La culture de la spiruline dans les trois milieux $M_1,$ M_2 et M_3 a été conduite dans les mêmes conditions opératoires prédéfinies dans le premier essai de la culture.

La spiruline a bien démarré dans les trois milieux testés, mais après deux jours de culture une dépigmentation de la biomasse a été constatée dans les milieux M_1 et M_3 induisant l'arrêt de croissance. C'est pour cela que nous avons choisi le milieu M_2 comme meilleur milieu de croissance.

L'enrichissement de l'eau usée de l'ENIEM par la solution des cendres de bois de figuier a un impact sur l'alcalinité, voire sur l'augmentation de la durée de croissance de la spiruline (Fig. 09).

Une croissance de spiruline plus importante a été enregistrée dans le milieu M_2 par apport à celle obtenue lors de la première expérience (milieu M_0). Par ailleurs, l'évolution du pH montre une diminution rapide lors de la phase de latence (durée : 9 jours), puis une augmentation progressive au cours de la période de croissance (s'étalant du 9ème au 16ème jours). Nos résultats sont comparables à ceux d'autres études, en l'occurrence celles menées par Vonshak et *al.*, (1982), Fox, (1999), et Jourdan (2006). Ces études ont permis de montrer que la croissance optimale de la spiruline n'est obtenue qu'à un pH proche de 9,5.

D'après les résultats obtenus, nous pouvons conclure que l'alcalinité est un facteur non négligeable dans la limitation de la croissance de la spiruline.

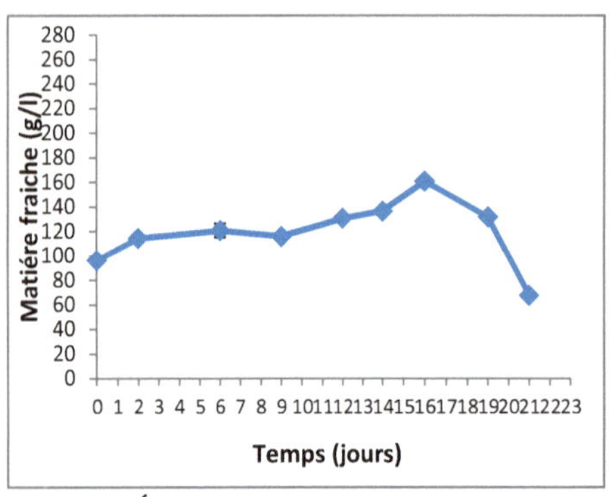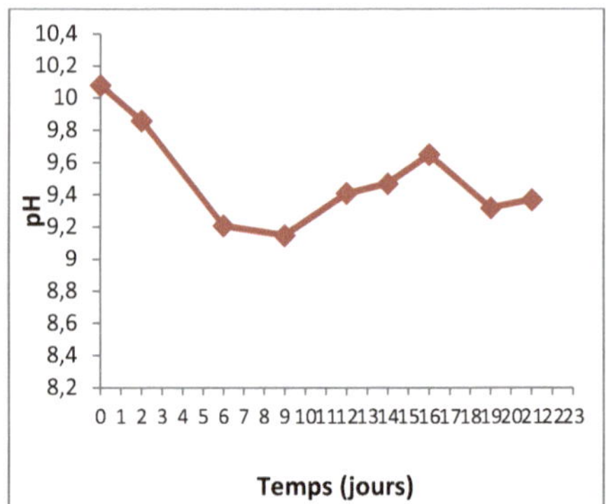

Fig 09: Évolution des paramètres de la culture de spiruline dans le milieu optimisé M_2

V.5.3. Optimisation de la quantité d'inoculum

La quantité d'inoculum joue un rôle important dans le développement de la spiruline. Cette quantité peut avoir un effet bénéfique sur la culture de la spiruline, comme elle peut être un facteur limitant de la croissance de cette micro-algue (Jourdan, 2006). Afin de choisir la quantité d'inoculum adéquate, trois cultures (C1, C2 et C3) ont été réalisées.

En effet, le milieu optimisé M_2 est ensemencé avec des volumes différents en inoculum (10, 20 et 30 ml).

C_1 : (10 :100 V/V) Volume inoculum/ Volume du milieu optimisé M_2

C_2 : (20 :100 V/V) Volume inoculum/ Volume du milieu optimisé M_2

C_3 : (30 :100 V/V) Volume inoculum/ Volume du milieu optimisé M_2

Les trois cultures ont été réalisées dans les mêmes conditions opératoires prédéfinies dans le premier essai de la culture.

Les résultats obtenus indiquent que la croissance de la spiruline se réalise, sans doute, en fonction de la concentration en inoculum. Une forte biomasse (242,52 g/l) est issue de la culture C_3, et ce au bout de 16 jours de culture en comparaison avec les deux autres cultures (Fig. 10). Au final, nous avons assisté à une dépigmentation de la biomasse issue seulement des deux cultures C1 et C2. En effet, les trois cultures se caractérisent par une phase de latence qui dure 9 jours, suivie par une phase exponentielle qui dure du 9ème au 16ème jours, et ensuite une phase de déclin.

Les résultats de cette expérience sont en accord avec ceux obtenus dans la littérature spécialisée. D'après Ciferri (1983), la taille d'inoculum joue un rôle important dans la réussite de la croissance de la spiruline. Cet auteur a montré qu'une lyse cellulaire complète a été constatée durant une courte période de culture quand la taille d'inoculum est petite. Par contre, la survie cellulaire a été observée quand la taille de la pré-culture est plus importante.

Nos résultats ont déjà été atteints par Jourdan (2006). D'après ce dernier, l'utilisation d'une culture assez dense dès le début aide à éviter le développement des chlorelles, diatomées et autres variétés d'algues. Elle contribue aussi à éviter la photolyse de la spiruline, permettant ainsi un meilleur démarrage de la culture.

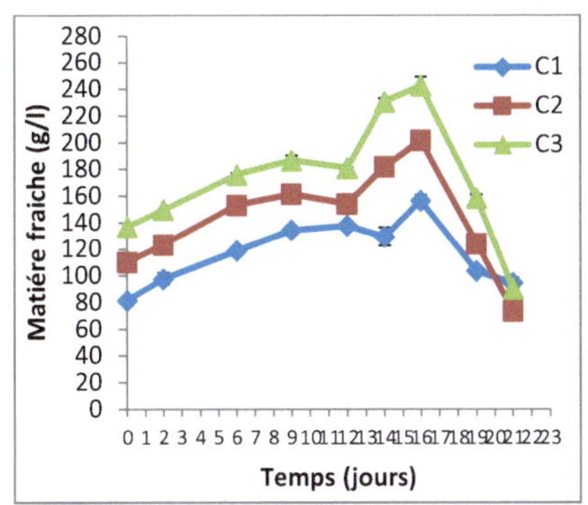
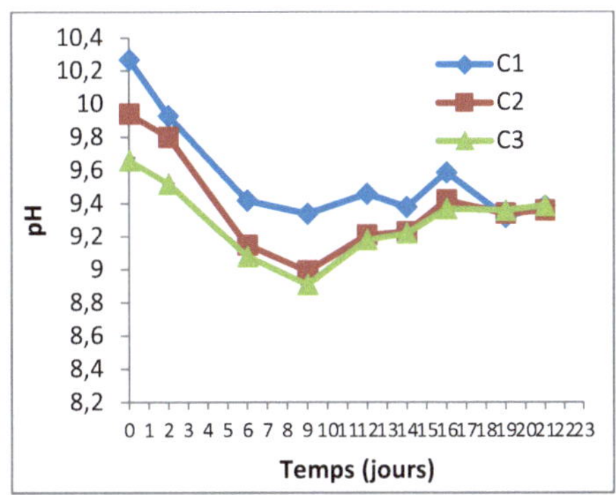

Fig 10 : Évolution des paramètres de la croissance de spiruline dans les cultures C_1, C_2 et C_3

V.5.4. Optimisation de l'aération et l'agitation

Pour cette expérience, la culture de spiruline a été réalisée dans le milieu optimisé M2 en respectant le rapport (30 :100 V/V) inoculum optimisé/milieu optimisé M2.

L'aération et l'agitation ont été assurées par le moyen d'une pompe à aquarium immergée (aquarium de type Boyu) avec un débit d'air de 2 L/mn pour une périodicité de 6 heures par jour (Fig. 11). Il y a lieu de signaler que, l'aération et l'agitation ont été assurées tous les jours de la semaine à l'exception du vendredi et du samedi.

Fig 11 : Montage utilisé pour l'optimisation de l'aération et agitation de la culture de spiruline dans le milieu optimisé M2.

Les résultats de l'effet d'aération sur la matière fraiche et le pH sont présentés dans la figure 12.

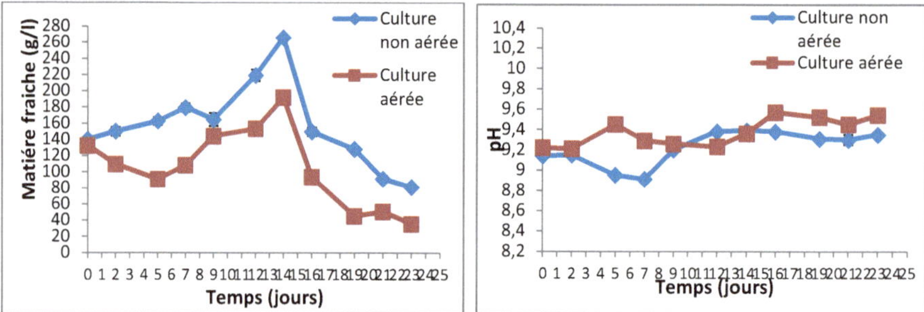

Fig 12 : Évolution des paramètres de la croissance de la spiruline dans le milieu M_2
avec et sans aération

L'aération a un effet négatif sur la croissance de la spiruline. Cependant, de faibles variations de pH ont été observées, induisant ainsi une inhibition pour les deux cas de culture.

L'inhibition de la culture peut s'expliquer soit par l'effet de l'agitation brutale, qui peut engendrer la destruction et la mort des spirulines (Cruchot, 2008), soit par l'effet de sursaturation en oxygène. Selon Zarouk, (1966), un débit de barbotage en air trop élevé (190 $l/h.L^{-1}$) casse la spiruline, et la culture est inhibée au bout de 2 ou 3 jours.

V.5.4. Optimisation de l'éclairage

Les résultats de l'effet de la lumière sur les paramètres de la culture de spiruline dans le milieu M_2 sont présentés dans la figure 13.

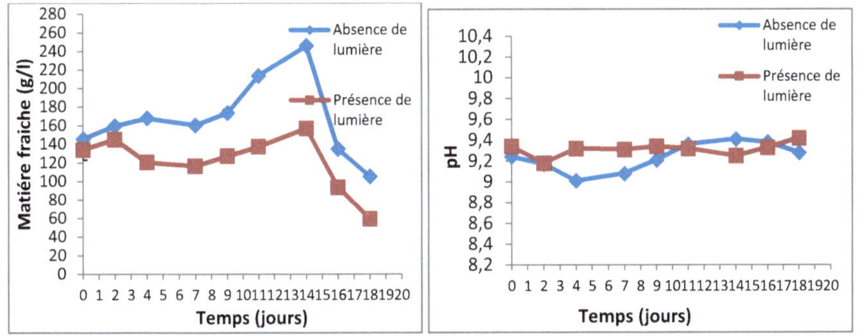

Fig.13: Évolution des paramètres de la croissance de la spiruline dans le milieu M_2 avec et sans lumière

Il est à noter que l'éclairage a aussi un effet négatif sur la croissance de la spiruline, car la matière fraîche obtenue est presque similaire à celle issue de la culture dans le même milieu M_2, mais en l'absence de l'aération.

Les résultats obtenus dans le milieu exposé à la lumière sont prévisibles. Généralement, l'absence d'agitation en plein d'éclairage (lumière), provoque une décoloration, puis la destruction progressive de la spiruline. En effet, une exposition directe à un fort éclairage provoque la photolyse des filaments de spiruline, et c'est pour cela qu'il faut agiter suffisamment pour que ces filaments ne restent pas plus de 30 secondes à la surface en contact avec la lumière; ils doivent fréquemment plonger et remonter (Jourdan, 2006).

En ce qui concerne le pH, nous avons observé de très faibles variations dans les deux milieux au cours de la période impartie à l'expérimentation.

V.6. Rendements en spirulines

Les rendements en spirulines obtenus dans les différentes cultures sont représentés dans le tableau IX.

Tableau IX: Rendement en spiruline cultivée dans l'eau usée de l'ENIEM (milieu M_0) et les milieux optimisés.

Milieux et conditions de culture	Durée totale de la culture (jours)	Densité de l'inoculum à 660nm	Masse de spiruline fraiche (g/100 ml)
M_0 en absence d'aération et d'agitation	16	0,821	1,75±0,21
M_2 en absence d'aération et d'agitation	21	0,821	2,2±0,56
C_1 en absence d'aération et d'agitation	21	0,821	2,2±0,14
C_2 en absence d'aération et d'agitation	21	0,821	2,85±0,07
C_3 en absence d'aération et d'agitation	21	0,821	4,3±0,56
M_2 en absence d'aération	23	0,821	4±0,28
M_2 en présence d'aération	23	0,821	3,1±0,14
M_2 non exposé à la lumière	18	0,821	4,05±0,21
M_2 exposé à la lumière	18	0,821	2,95±0,21

M_0 : eau résiduaire de l'ENIEM; M_2 : (75 ml de M_0 + 25 ml de la solution de cendres de bois de figuier), C_1= M2+10ml d'inoculum ; C_2= M2+20ml d'inoculum; C_3= M2+30ml d'inoculum.

D'après les résultats de l'étude de la croissance de la souche *Spirulina platensis* dans le milieu M_0 ainsi que dans le milieu optimisé M_2 à différentes conditions de culture (Tableau IX) nous avons relevé les constatations suivantes :

Les quantités d'inoculum et l'alcalinité contenues dans l'eau de l'ENIEM (milieu M_0), améliorent et influencent positivement la croissance de la spiruline. Par contre, les paramètres d'agitation, d'aération et de l'éclairage choisis dans notre étude ont conduit à une destruction et l'extinction totale de la spiruline. Ces paramètres peuvent devenir des facteurs limitant s'ils ne sont pas maitrisés et bien suivis au cours de la culture.

L'espèce de spiruline étudiée se caractérise par une durée de la phase de latence de 09 jours spécifique pour toutes les cultures réalisées. La durée de cette phase dépend de l'âge de l'inoculum et son adéquation enzymatique aux constituants de l'eau de l'industrie en question (Doumandji, 2011).

En outre, les valeurs de pH des cultures réalisées varient de 8,25 à 11, préconisées pour la culture de la spiruline.

Le rendement issu de la culture C_3 (4,3±0,56 g MF /100 ml) est presque trois fois plus important que celui observé lors de la culture de la spiruline dans l'eau de cette entreprise (milieu M_0 avec 1,75±0,21 g MF /100 ml).

Le milieu optimisé pour la culture C3 présente un taux légèrement supérieur à celui déclaré par Benahmed Djilali, (2012) qui a obtenu un rendement de l'ordre de 3,390±0,005g MF/100 ml dans un milieu naturel composé d'eau de mer et de cendres de bois de figuier et d'olivier. Toutefois, le milieu M_0 donne un taux nettement supérieur à celui rapporté par Markou et *al.* (2012), qui ont obtenu un rendement de 0,166±0,0024g MF/ 100ml dans un milieu composé d'eaux usées récupérées des huileries.

Les rendements issus du milieu M_2 en présence de l'aération ou de la lumière paraissent faibles; ils sont respectivement de l'ordre de (3,1±0,14 g MF/100ml ; 2,95±0,21 g MF/100 ml). Il serait intéressant d'utiliser un système d'agitation performant ainsi que d'optimiser l'intensité de la lumière (photo-bioréacteur) afin d'améliorer la biomasse en spiruline.

V.7. Étude morphologique des spirulines obtenues

Afin de montrer l'effet de la composition du milieu sur la structure de la spiruline obtenue, les photos des structures de poudres de spirulines issues des différents milieux testés ont été prises grâce au Microscope Electronique à Balayage (MEB) (Fig.14).

Les résultats obtenus montrent que les spirulines issues de l'eau de l'ENIEM ou de la même eau enrichie en cendres de bois de figuier sous différentes conditions de culture présentent des particules de formes relativement irrégulières, rugueuses et non poreuses, formant des agglomérats de différentes tailles qui ressemblent à la structure des particules de polymères. En somme, les diverses dimensions particulaires et les distributions granulaires peuvent-être influencées par la composition des poudres (Xinde et *al.* 2007). De ce fait, les poudres étudiées sont constituées de diverses substances hydrophiles (protéines et pigments); ce qui explique leur structure complexe (Benahmed Djilali, 2012).

Généralement, la spiruline change sa structure selon la composition du milieu de culture utilisé (Benahmed Djilali et *al.* 2014). Nous pouvons donc conclure que l'eau de l'ENIEM a la même composition que l'eau utilisée pour la culture de la spiruline dans son pays d'origine, le Burkina Faso.

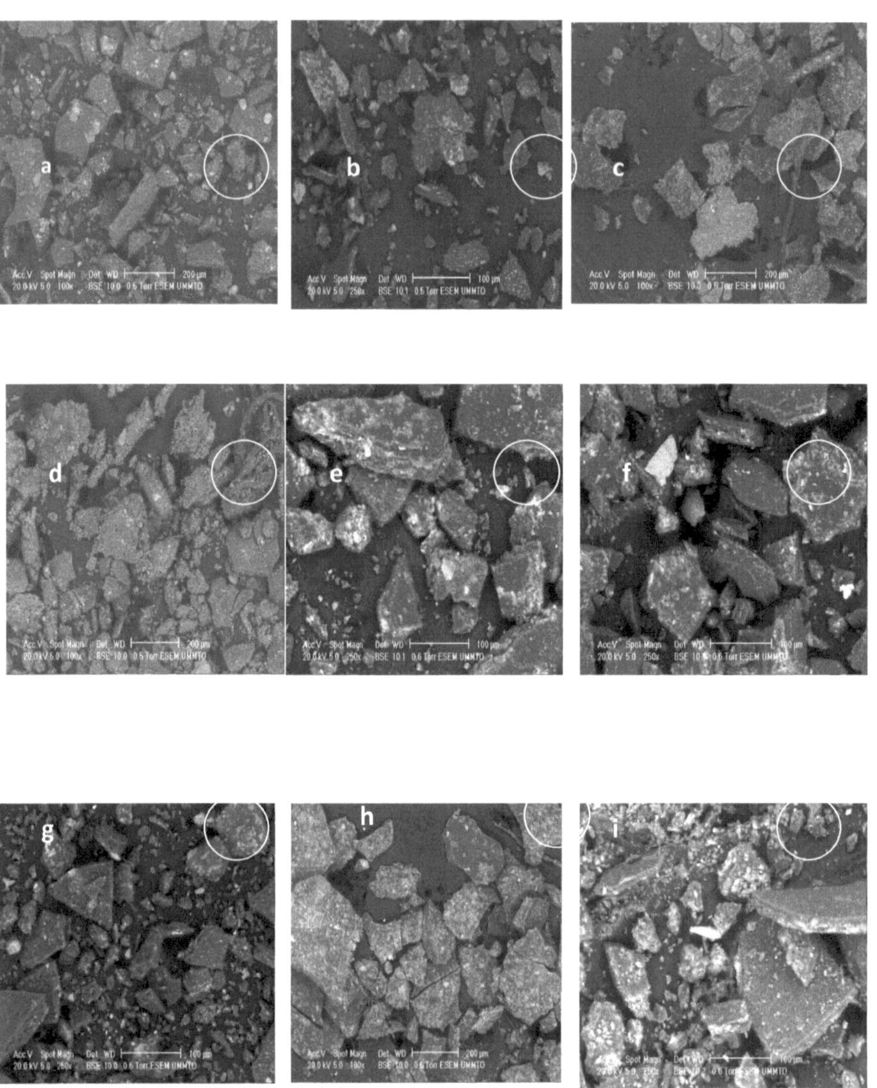

Fig 14 : Structure des différentes poudres de spiruline obtenues observées sous le MEB

(a) : poudre issue du milieu M_0; (b) : poudre issue du milieu optimisé M_2; (c) : poudre issue du milieu C_1; (d) : poudre issue du milieu C_2; (e) : poudre issue du milieu C_3; (f) : poudre issue du milieu M_2 non aéré; (e)g) : poudre du milieu M_2 aéré; (h) : poudre issue du milieu M_2 non exposé à la lumière; (i) : poudre issue du milieu M_2 exposé à la lumière.

Conclusion

Le traitement biologique des eaux usées de l'ENIEM par la spiruline a permis de réduire la concentration de la DCO et DBO_5 respectivement de 78,4 mg/l à 44,1 mg/l, soit un rendement de 44,11% et de 21,9 mg/l à 13 mg/l - soit un rendement de 40,64%.

Pour les métaux lourds, les résultats d'analyse ont montré une diminution de la quasi-totalité des métaux étudiés (Fe, Cr, Mn, Pb, Zn Cd et Cu).

En somme, des résultats de cette étude nous pouvons déduire que le traitement biologique par la spiruline est un traitement à préconiser par l'ENIEM comme procédé complémentaire au traitement primaire (physico-chimique). Ce traitement est recommandé dans certaines situations, plus particulièrement lorsque les rejets sont trop chargés en polluants; un traitement primaire seul ne suffit pas pour dépolluer les rejets de cette entreprise.

Chapitre VI : Culture de spiruline dans les margines et huiles usagées

VI. 1. Préparation des milieux de culture

La culture de spiruline dans cette expérimentation a été réalisée dans deux types de rejets, les margines et les huiles usagées des moteurs. Ces rejets sont connus pour leurs effets polluants.

Les margines proviennent du rejet d'une industrie oléicole située dans la région de Ouaguenoune, dans la Wilaya de Tizi-Ouzou (Fig.15. a). Quant aux huiles usagées (Fig.15. b), elles proviennent d'une station de vidange située dans la région de Bouzeguène, dans la même Wilaya.

Ces rejets sont des liquides de couleur noire et de teneur visqueuse et possèdent un pH acide assez conséquent. Afin de minimiser la pollution engendrée par ces rejets, nous avons opté pour la culture de spiruline, et comme la spiruline exige un milieu alcalin (pH entre 8 et 10), les deux rejets sont enrichis avec la solution de cendres de bois de figuier. En effet, les cendres de bois de figuier constituent une source de sels minéraux (Na, Ca, Mg, SO_4…), et une source d'alcalinité nécessaires pour la culture de *Spirulina platensis* (pH $\geq$10) (Benahmed Djilali et Benamara, 2013). Ces cendres sont obtenues après la calcination du bois de figuier séché dans un four à moufle de type (NABERTHERM Controller B 170) à une température de 550°C.

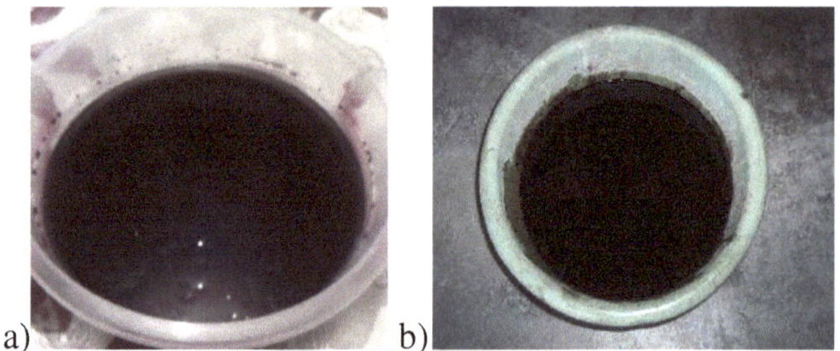

Fig 15 : Aspect des margines et huiles de moteur

Deux milieux de culture M1 et M2 ont été préparés à base des huiles usagées et des margines respectivement. Ces milieux sont enrichis avec la solution de bois de figuier (pH 12) pour obtenir un pH final de l'ordre de 8,89 et 8,38 respectivement.

La solution de cendres de bois de figuier a été préparée à raison de 4% à chaud sous une agitation. Ladite solution a subi un refroidissement, puis une filtration.

Le pH des deux milieux est convenable pour le développement de la spiruline (Falquet, 1999). En fait, les valeurs de pH des deux milieux présentent les limites inferieures requises pour le développement de la spiruline (Benahmed Djilali, 2012).

Les deux milieux (M1et M2) sont stérilisés par tyndallisation, puis conservés à 4°C jusqu'au lancement de la culture.

VI.2 Essais de culture

Deux effets ont été recherchés lors de cette expérimentation :

1/ Effet de la température

2/ Effet du recyclage du milieu

Dans un premier temps, la culture est lancée dans les deux milieux d'expérimentation (M1 et M2) dans une étuve à 37°C et à température ambiante 30°C. Après récupération de la biomasse, les deux milieux sont réutilisés pour une nouvelle culture sous les mêmes conditions de culture. L'objectif de recyclage est de pouvoir dépolluer le maximum les deux rejets avant leur élimination dans la nature.

VI.3 Méthodes d'analyses

Des prélèvements ont été réalisés afin de déterminer quelques paramètres de la culture (pH, taux de phycocyanine (%), rendements en spirulines (%), taux de croissance de spiruline (μmax), l'analyse des groupements fonctionnels et l'activité antimicrobienne des poudres de spirulines obtenues.

VI.3.1. Dosage de la phycocyanine

La teneur en phycocyanine a été déterminée par colorimétrie en mesurant l'absorbance DO à 615 nm et DO à 652 nm de la solution de spiruline préalablement centrifugée à 6000 tours/mn (Jourdan, 2006). Le taux de phycocyanine est calculé selon la formule suivante:

$$\text{Taux de Phycocyanine} = 1,873 \times (DO615 - 0,474 DO652) \times D/C$$

C : Concentration en spiruline (0,04 g/ml)

D : Facteur de dilution

VI.3.2. Rendements en spirulines

A la fin de la culture, la biomasse est séparée des deux milieux de culture (M1et M2) par centrifugation de type SIGMA (6000 tours/mn), puis lavée à l'eau physiologique stérile et l'eau distillée plusieurs fois afin d'éliminer les impuretés (Ciferri, 1983). Le culot ainsi obtenu est séché dans l'étuve à 45°C.

VI.3.3. Test de l'activité antimicrobienne des poudres de spiruline obtenues

On prépare deux extraits aqueux à base des poudres de spirulines issues de la culture dans les milieux M1 et M2 à raison de 0,2g dans 10 ml d'eau distillée stérile. Les deux extraits sont testés vis-à-vis des bactéries *Pseudomonas; Staphylococcus aureus*; *Escherichia coli* et vis-à-vis du champignon *Candida*. Les souches ont été fournies par le laboratoire de microbiologie de l'Université Mouloud Mammeri de Tizi-Ouzou.

L'activité antimicrobienne est évaluée par la mesure du diamètre de la zone d'inhibition de croissance microbienne produite autour des disques après incubation (Ponce et *al.* 2003).

VI.4. Effet de la température sur la croissance de spiruline dans les deux milieux

Les résultats obtenus révèlent une croissance intense de spiruline dans les deux milieux (M1 et M2) à 30°C et à 37°C suivie par une diminution du pH (Fig. 16). Cette croissance dure 4 jours, puis une perturbation dans la croissance a été observée, induisant ainsi une éventuelle inhibition.

La diminution du pH des milieux de culture utilisés est due au dégagement du CO_2 par la spiruline lorsque la respiration est intense (Fox, 1986), or selon Jourdan (2011), la croissance est influencée par le pH du milieu.

Dans notre cas, l'inhibition de la croissance est liée à l'abaissement du pH dans le milieu M2, mais elle n'est pas en relation avec l'abaissement du pH dans le milieu M1; elle est au contraire est due à une augmentation de pH. L'inhibition peut toutefois être due à d'autres facteurs, comme c'est le cas dans l'étude menée par ZARROUK en citant Sagay (2008), qui a utilisé les mêmes milieux et a pu démontrer que la variation de la température peut entrainer des variations dans la croissance de l'algue. Cependant, dans notre cas, le taux de croissance est affecté par la nature et la composition du milieu de culture mais non la température (Tableau X).

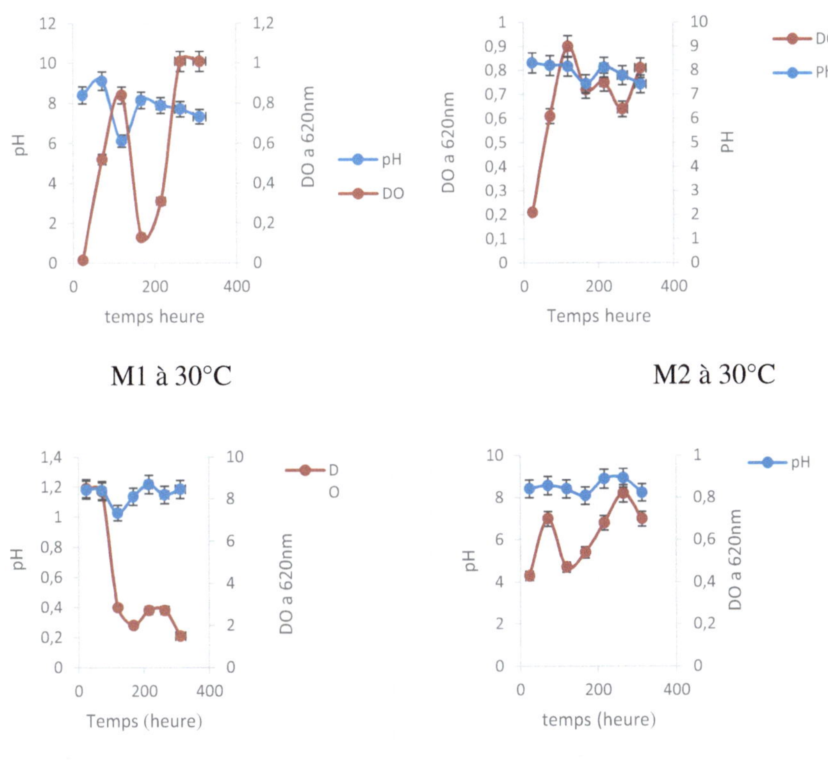

Fig 16 : Évolution du pH et de la croissance de la spiruline dans les milieux M1 et M2 à 30°C

et à 37°C.

Tableau X: Taux de croissance de la spiruline cultivée dans les deux milieux optimisés.

Milieux	μ_{max} (h^{-1})	
	30°C	**37°C**
Milieu M1	0,009 ± 0,01	0,002± 0,02
Milieu M2	0,007 ± 0,04	0,002 ± 0,01

Il y a lieu de noter que la croissance de la spiruline se traduit par la production de la biomasse qui est qualifiée et estimée par le taux de phycocyanine. Une forte production de phycocyanine a été constatée dans le milieu M1 à base d'huile usagée à 30°C. Comparativement, avec le milieu M2 à base de margines, la production est moins importante. Néanmoins, la culture de spiruline dans le même milieu M1à 37°C génère un taux de phycocyanine proche de celui obtenu en utilisant le milieu M2 à 37°C (Tableau XI).

Ces résultats confirment que la température n'affecte en aucun cas le rendement en phycocyanine, et que cela est dû à la composition du milieu. En effet, les deux milieux sont de composition complexe (acides gras, composés phénoliques, composés minéraux…..). A titre d'exemple, les margines sont riches en éléments minéraux (Lutwin et *al.* 1996).

Nos résultats coïncident avec ceux obtenus par Adel et *al.* (2014) qui ont cultivé la spiruline dans un milieu à base des produits du palmier dattier dans le climat de l'Arabie Saoudite : la température minimale qui permet la croissance est d'environ 18°C.

Tableau XI: pH et taux de phycocyanine des cultures de spiruline dans les milieux M1 et M2 à 30 et à 37°C

	Milieu M1	**Milieu M2**	**Milieu M1 recyclé**	**Milieu M2 recyclé**
Température de culture	**30°C**			
pH à 20°C	7,64 ± 0,28	7,78 ± 0,35	8,42 ± 0,34	7,74 ± 0,41
Taux de phycocyanine (%)	30 ± 0,30	21 ± 0,30	24 ± 0,53	20 ± 0,49
Température de culture	**37°C**			
pH à 20°C	8,33 ± 0,08	8,13 ±0,01	7,32 ± 0,08	7,34 ± 0,09
Taux de phycocyanine (%)	25 ± 1,03	29 ± 0,91	31 ± 0,26	24 ± 0,80

M1 : préparé à base d'huile usagée+solution cendres de bois de figuier

M2 : préparé à base des margines+ solution cendres de bois de figuier

VI.5. Effet du recyclage des milieux M1et M2 sur la croissance de la spiruline

Le recyclage a un effet positif sur la culture de spiruline dans les deux milieux. Une production de phycocyanine plus ou moins importante a été observée, notamment dans les deux milieux recyclés à température ambiante (Tableau XI). Ceci est probablement dû à la richesse du milieu en bicarbonate. Ces résultats affirment que la température n'influe pas sur la production de phycocyanine.

Selon Haldemann (2004), le recyclage du milieu de culture pose des problèmes de salissure du milieu de culture, notamment la charge en matière organique relative à la filtration et aussi un manque de bicarbonate dans le milieu recyclé.

VI.6. Rendements en spirulines

Le tableau ci-dessous résume les rendements en biomasses de spirulines issues des milieux M1et M2 utilisés.

Tableau XII : Rendements en biomasses de spirulines issues des milieux M1et M2.

	Milieu M1		Milieu M2		Recyclage M1		Recyclage M2	
Température	30°C	37°C	30°C	37°C	30°C	37°C	30°C	37°C
Rendement en matière fraiche (%)	1,4 ± 0,001	2,2 ± 0,001	1,63 ± 0,003	5 ± 0,002	0,5 ± 0,004	1,8 ± 0,002	1,5 ± 0,002	2,1 ± 0,008
Rendement en matière sèche (%)	0,09 ± 0,002	0,22 ± 0,003	0,05 ± 0,002	0,5 ± 0,001	0,1 ± 0,002	0,81 ± 0,001	0,4 ± 0,001	1,63 ± 0,006

M1 : Milieu préparé à base d'huile usagée+solution cendres de bois de figuier

M2 : Milieu préparé à base des margines+ solution cendres de bois de figuier

Le rendement en spiruline issue du milieu M2 recyclé est plus ou moins important à 37°C en comparaison avec celui issu de la culture de spiruline dans le même milieu recyclé à température ambiante (Tableau VII). Ceci démontre que le recyclage améliore la disponibilité des nutriments pour la culture de spiruline.

La spiruline issue du milieu M2 (Fig 17.a) est de couleur brun foncé, et possède un fort taux de pigments et d'impuretés. Par contre, la spiruline issue du milieu M1 est de couleur bleu-vert, ce qui signifie qu`il y a présence de la phycocyanine, celle-ci étant la source de cette couleur.

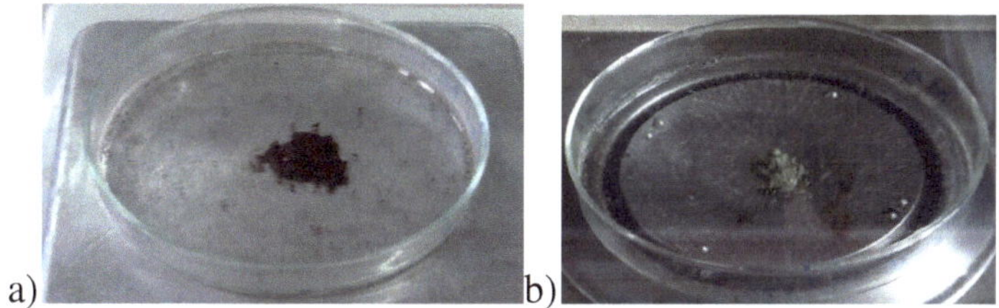

Fig.17: Matières sèches des spirulines (a) : Spiruline issue du milieu des margines; b) : Spiruline issue de l'huile usagée.

L'analyse IR (Fig.18) montre une différence dans la position et l'intensité des pics des deux poudres de spiruline issues des deux milieux (M1 et M2). Cette différence est attribuée à la composition des deux milieux de culture utilisés.

Les deux spirulines analysées possèdent une bande caractéristique à 3453,49 cm⁻¹ attribuée à la structure du groupement hydroxyle (O-H). La présence des groupes hydroxyles indique la teneur en humidité absorbée par les deux poudres de spiruline. La poudre de spiruline issue du milieu M1 est plus humide que celle issue du milieu M2.

Les spirulines obtenues se caractérisent par la présence d'une autre bande caractéristique à 1636 cm^{-1} attribuée à la structure du groupe carbonyle (C=O), acide uronique. La poudre de spiruline cultivée dans le milieu M2 est plus riche en cet acide que celle issue du milieu M2 à base de margines.

Nos résultats ne sont pas en accord avec les résultats du spectre d'absorption IR de la spiruline burkinabé (souche de référence) analysée par Benahmed Djilali, (2012) car cette dernière contient les groupements amino, carboxylique, hydroxyle et les phosphates.

Les deux poudres de spirulines issues des deux milieux contiennent des groupements hydroxyle et carbonyle. En conséquence, elles sont hautement recommandées comme source de carbone dans le domaine de l'agriculture.

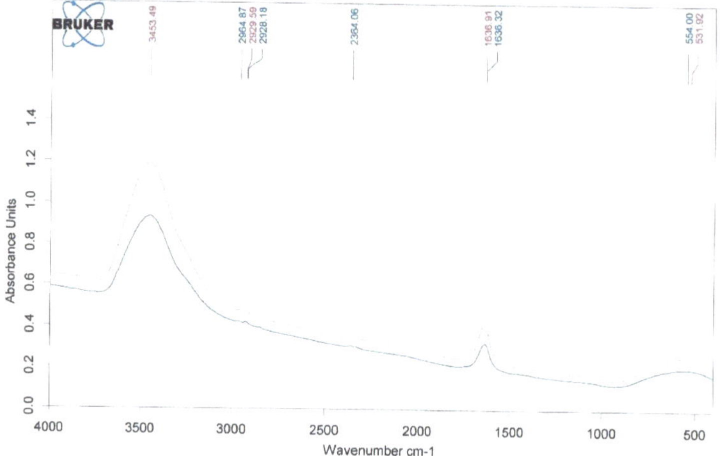

Fig 18: Spectre d`absorption IR des spirulines issues des milieux M1 et M2

VI.7. Résultats d`analyse de l'activité antimicrobienne des spirulines issues des milieux M1 et M2

Les diamètres d`halo d'inhibition des poudres de spirulines issues des deux milieux M1 et M2 sont résumés dans le tableau XIII.

Tableau XIII: Diamètre moyen d`halo d`inhibition en mm des extraits de spiruline (0,2mg/ml, V=20µl)

Nature de l'extrait de spiruline	P. aeruginosa	S. aureus	E. coli	Candida
Spiruline issue du milieu M1	-	9	5	9
Spiruline issue du milieu M2	-	-	-	-
Spiruline burkinabé de référence	14	10,66	-	-

L'extrait de spiruline issue du milieu M2 ne présente aucune zone d'inhibition contre les souches testées. Par contre, l'extrait de spiruline issue du milieu M1 présente de faibles zones d'inhibition (9, 5 et 9), et cela juste vis-à-vis des trois souches, respectivement : *S. aureus; E. Coli* et *Candida,* .

L'extrait de la spiruline burkinabé de référence induit des zones intermédiaires, respectivement (14 et 10,66) vis–à-vis de *P. aeruginosa* et *S.aureus*. Cette activité est en relation avec la teneur en phycocyanine (19,34 ± 0,36 %). Cette teneur est supérieure à 10%, qui est en parfait accord avec les résultats obtenus par Jourdan (2006).

Les faibles zones d'inhibition caractérisant les nouvelles souches de spirulines issues des deux milieux sont dues à la faible dose de phycocyanine testée.

Conclusion

Au vu des résultats obtenus, nous pouvons déduire que la culture de la spiruline (*Spirulina platensis)* dans deux milieux naturels préparés à base des margines et les huiles usagées s`avère possible. Il serait donc utile d'étudier l'effet d'autres paramètres, tels que l'aération et l'agitation sur la croissance de cette souche, et ainsi d'identifier morphologiquement et génétiquement le profil protéique des spirulines obtenues.

Chapitre V : Culture de spiruline dans l'extrait d'algue marine *Ulva (ulva sp)* enrichie avec de l'eau de mer et les cendres de bois de figuier

V.1 Échantillonnage de l'algue

L'algue marine verte *Ulva (ulva sp)* a été récoltée du littoral de Tigzirt. Elle provient des eaux de surface où elle pousse sur des rochers peu immergés (étage supralittoral).

Cette espèce se caractérise par une couleur verte ou chlorophycophyte. Elle possède un appareil végétatif de type prothalle foliacé, avec des petits crampons de fixation à la base.

L'examen microscopique du thalle montre qu'il est bistromatique (formé de deux couches cellulaires superposées).

L'ensemble de ces caractéristiques morphologiques et écologiques nous orientent vers une espèce du genre *Ulva* (*ulva sp*) (Fig.01).

V.2 Préparation de l'extrait d'algue *Ulva sp*

Un échantillon de 40g d'algue *Ulva sp* fraiche a été broyé et mélangé à l'eau distillée (100ml). L'homogénéisation est réalisée à l'aide d'un agitateur magnétique pendant 10mn. La solution obtenue est filtrée à l'aide d'un papier filtre Wattman pour récupérer le filtrat pour se servir d'extrait algal (Fig. 19).

L'extrait algal obtenu est stérilisé par une tyndallisation à 60 C° puis sauvegarder au réfrigérateur pour la culture ultérieure.

Fig.19 : étapes de préparation d'extrait algal

a) : broyat algal, b) homogénéisation, c) extrait d'algue filtré

V. 3 Optimisation des milieux de culture

Plusieurs milieux de culture ont été préparés à base des trois ressources naturelles locales (l'eau de mer, l'extrait d'algue marine *Ulva* et la solution des cendres de bois de figuier) en appliquant le plan des mélanges. Deux milieux ont été retenus (M2 et M4) possédant un pH préconisé pour la culture de spiruline (Tableau XIV). Le milieu de culture M4 préparé à base d'extrait d'algue marine a été ajusté à un pH de 9,10.

Tableau XIV : composition des milieux de culture préparés

Milieux	Extrait d'algue *Ulva* (ml)	Eau de mer (ml)	Solution de cendres de bois de figuier (ml)	pH
pH	6,95±0,076	8,07±0.075	11,24±0,131	
M1	50	25	25	8,78±0,101
M2	25	25	50	9,21±0,075
M3	25	50	25	8,75±0,076
M4	100	0	07	9,10±0,076

Le volume d'inoculum respecté pour la culture de spiruline dans les deux milieux M1et M2 est de 10% (V/V).

Pour chaque milieu, trois erlenmeyers ont été incubés à l'étuve à 37°C et trois autres ont été laissés à température ambiante.

V.4. Méthodes d'analyses

Des prélèvements ont été effectués afin de suivre la cinétique de production de la biomasse de spiruline et la quantification de quelques paramètres physico-chimiques à savoir le pH, le taux de phycocyanine et le taux de la chlorophylle.

Les taux des Polyphénols Totaux (PPT) et de flavonoïdes de l'extrait d'algal utilisé pour la culture ont été déterminés.

5.4.1. Dosage des Polyphénols Totaux

Les polyphénols Totaux ont été déterminés par spectrométrie selon la méthode de Folin-cobalteux.

5.4.1.1. Mode opératoire

2g de l'algue *Ulva* est soumis à une extraction par macération dans deux solvants, l'eau distillée et l'éthanol (20 ml) pendant 72 h, puis les extraits sont filtrés, Le dosage des polyphénols dans chaque extrait est adopté selon le diagramme de la figure 20.

La concentration en composés phénoliques totaux est déterminée en se référant à la courbe d'étalonnage (DO=0,006C) obtenue en utilisant l'acide gallique comme standard d'étalonnage. Les résultats sont exprimés en milligramme d'équivalant d'acide gallique par gramme de matière sèche de l'extrait aqueux d'algue *Ulva sp* (mg EAG/mg MS)

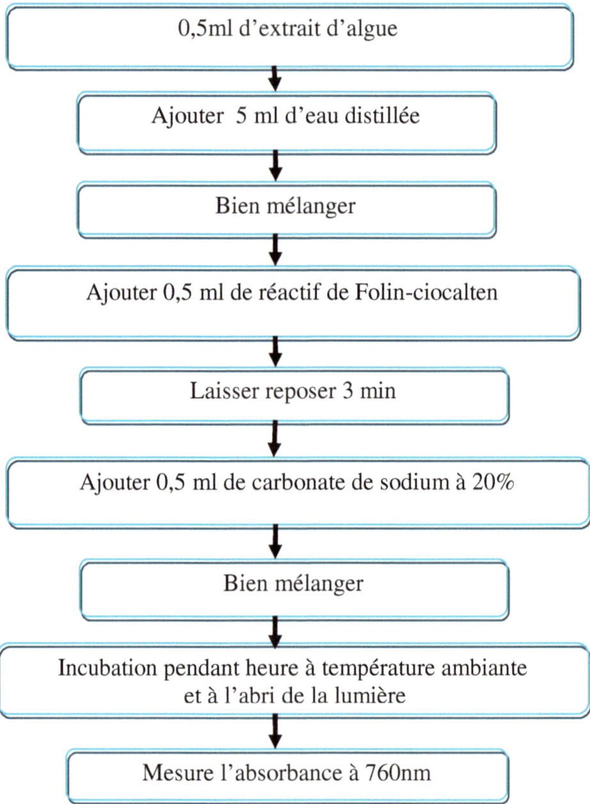

Fig.20 : Etapes de dosage de Polyphénols Totaux (Singleton et *al.* 1999)

5.4.2. Dosage des flavonoïdes

La méthode du trichlorure d'aluminium AlCl₃ (Kosalec et *al.* 2004) a été adoptée pour quantifier les flavonoïdes dans l'extrait d'algue utilisé pour la culture de spiruline. Le diagramme ci-dessous montre les différentes étapes respectées pour doser les flavonoïdes.

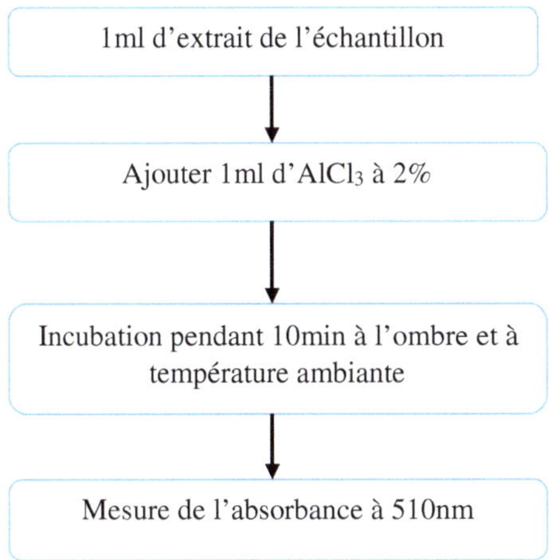

Fig.21 : Étapes de dosage des flavonoïdes (Kosalec et *al.* 2004)

Les résultats obtenus des différents dosages sont exprimés mg équivalent de quercitine (mg EQ) pour les flavonoïdes par mg d'extrait, en utilisant l'équation de la régression linéaire DO=0,588C.

5.5 Résultats des essais de culture

La croissance de la spiruline dans les deux milieux M1 et M2 se traduit par une diminution puis une augmentation du pH, et le milieu M2 devient plus alcalin que le milieu M4 à la fin de la culture au bout de 23 jours de culture (Fig.22).

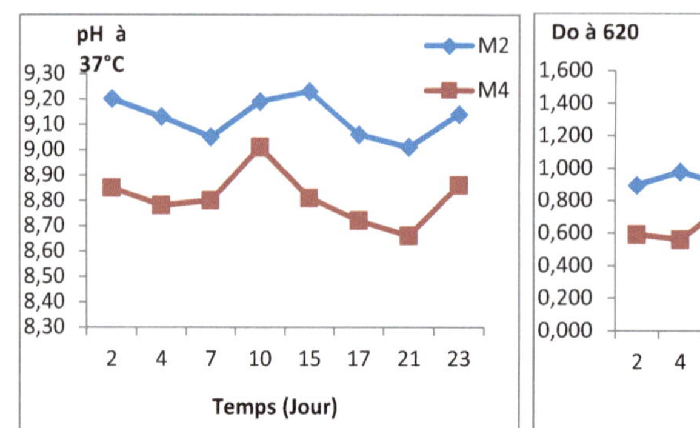
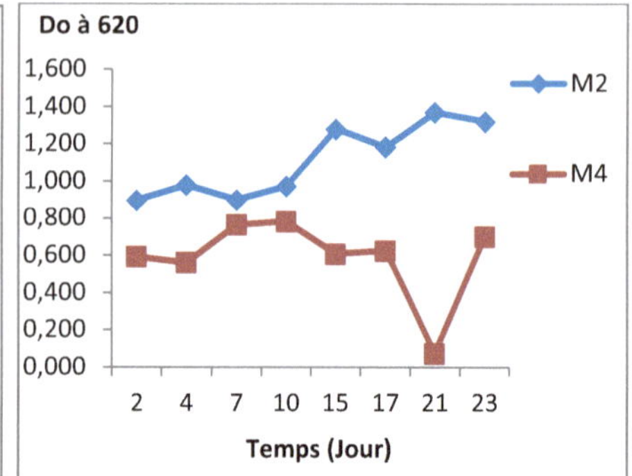

Fig.22 : Evolution de pH et la croissance de spiruline dans les milieux M2 et M4.

D'après les résultats de la figure 22, nous constatons une croissance importante de la spiruline dans le milieu M2 durant une période de 21 jours avec un taux de croissance de l'ordre de $0,001h^{-1}$ vérifiée par un pH alcalin alors que, le milieu M4favorise la croissance de spiruline avec le même taux de croissance pendant une durée moins longue de 10 jours puis le ralentissement de la croissance est constaté. Le ralentissement de la croissance peut s'expliquer soit par l'effet de l'épuisement de la concentration de la source de carbone ou par la diminution du pH.

Il y a lieu de signaler que, la possibilité de culture de *S.platensis* dans l'eau de mer a été réalisée en 2004 par Jarisoa. Cet auteur a démontré la faisabilité de culture de la spiruline malgache dans l'eau de mer.

En 2013 Benahmed Djillali, a confirmé la possibilité de culture de spiruline burkinabé dans une solution de l'eau de mer et les cendres de bois de figuier.

L'augmentation du pH sous entend une nutrition carbonée et par conséquent un accroissement de la biomasse de spiruline. En effet, l'oxydation de la matière organique diminue la teneur en oxygène de l'eau en produisant du CO_2 et par conséquent l'abaissement du pH ce qui est remarquable pour nos expérimentations.

La respiration plus intense libère de CO_2 dans le milieu, abaissant par conséquent le pH (Fox, 1986). Généralement, l'abaissement du pH s'explique par l'absence des nitrates ou des phosphates dans les milieux (Benahmed Djilali, 2012). De même, en consommant les carbonates (CO_3H^-) et bicarbonates (CO_3^{--}) de son milieu, les spirulines tendent à augmenter encore l'alcalinité du liquide. Et c'est le cas de nos expérimentations.

L'analyse de la qualité biologique des spirulines obtenues des deux milieux étudiés M2 et M4 montre que la spiruline issue du milieu M4 est très riche en phycocyanine (575,166 ±4,366 mg/g Ms) et en chlorophylle (176,81±0,262mg/

Ms) en comparaison à celle issue de milieu M2 présente des teneurs moins importantes en phycocyanine (281,573 ±2,806mg /g Ms) et en chlorophylle totale (52,526±0,923mg/g Ms) (Tableau XV). Ces résultats sont en accord avec la littérature qui présume que la phycocyanine est un pigment abondant. Parfois, il est seul présent chez les algues bleues (Benahmed Djilali, 2012).

L'analyse de la composition des groupements fonctionnels par IR (Fig. 23) confirme que les pics des groupements fonctionnels de la spiruline cultivée dans le milieu M4 sont plus intenses que ceux de la spiruline issue du milieu M2.

Les deux spirulines analysées possèdent des groupes hydroxyle (OH), carboxyle (C=O) et l'acide uronique. Cette composition ne ressemble pas à la composition de la spiruline de référence burkinabé analysée par Benahmed Djilali, (2012) qui contient les groupements amine, carboxylique, hydroxyle et les phosphates.

Tableau XV : Rendement et teneurs des substances bioactives des spirulines issues de la culture dans les milieux M2 et M4

Milieux de culture	Rendement en spiruline (g/100ml) durant 23 jours	Chlorophylle totale mg/g Ms	Phycocyanine (mg /g Ms)
M2	0,15	52,53±0,923	281,56 ±2,806
M4	0, 03	176,82±4,34	575,17 ±4,37

Cette variation dans la composition est liée à la nature du milieu utilisé pour la culture. En effet, l'extrait d'algue *Ulva sp* est très riche en PPT (1,040±0,007mg EAG /mg MS). Cependant, sa teneur en flavonoïdes enregistrée est faible (0,01mgE Q/mg MS).

D'après la littérature, il existe peu de travaux sur le contenu en flavonoïdes dans les algues marines (Meenakshi and Gnanambigai, 2009; Sava and Sirbu, 2010; Zeng *et al*, 2001) mais, il a été rapporté que les algues vertes contiennent des teneurs variant entre (8,43 et 33,39 mg/g MS), les algues brunes des teneurs variant entre (20,72 et 32,89 mg/g MS) et les algues rouges des teneurs variant entre (6,03 et20, 91 mg/g MS).

Des études récentes ont montré que les teneurs en composés phénoliques, changent de façon considérable d'une espèce à une autre et à l'intérieur de la même espèce, à cause des facteurs extrinsèques (température, climat…), génétiques (la variété et l'origine d'espèces), physiologiques (le degré de maturation de la plante, les organes utilisés) (Maisuthisakul et *al.*, 2007; Ksouri et *al.*, 2009; Sarojini et *al*, 2012).

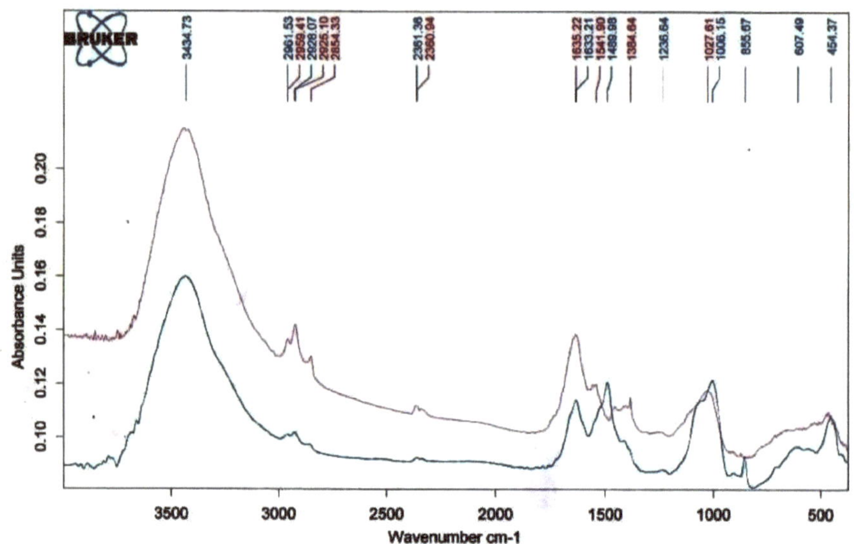

Fig 23 : Résultats d'analyse IR des poudres de spirulines issues des deux milieux

M2 et M4

Conclusion

Cette étude a permis de mettre en œuvre des milieux naturels à base d'extrait d'algue marine *Ulva sp*, de l'eau de mer et les cendres du bois pour la culture de *Spirulina platensis*. Nous recommandons d'utiliser les deux spirulines obtenues en agriculture comme source de carbone.

Perspectives

Compte tenu des résultats probants obtenus dans le présent livre, il serait d'une grande utilité de poursuivre les différentes activités de recherche suivantes :

- Amélioration des conditions de culture de la spiruline dans ces rejets en utilisant un système d'agitation performant et en optimisant l'aération et l'intensité de lumière adéquate (photobio réacteur) afin d'améliorer la croissance de spiruline.
- Caractérisations des spirulines obtenues de point de vue composition biochimique et phénotypique
- Étude de d'autres paramètres de pollution : MES, température, d'autres métaux lourds, Hydrocarbures totaux, huiles et graisses… .

Références bibliographiques

Aba Aaki R. (2012). Elimination des métaux lours (Cd, Pb, Cr, Zn et Asà des eaux usées industrielles et naturelles par le procédéd'infiltration percolation. Thèse de Doctorat Université Ibnou Zohr Agadir.

Addou A. (2009). Traitement des déchets valorisation, élimination. Technosup. 1ere Edition, Ellips, Paris.

Adel A. Tharwat and Saleh M. Alturki (2014). *Spirulina platensis* Production Using Date Palm Substances and Low Cost Media in the Climatic Conditions of Saudi Arabia. Advances in Environmental Biology.8(7),2350-2356.

Ballet J.M. (2008). Aide-mémoire. Gestion des déchets. 2eme Édition. DONUD. Paris.
Benahmed Djilali A. (2012). Analyse des aptitudes technologiques de poudres de dattes (*Phoenix-dactylifera.* L) améliorées par la spiruline. Étude des propriétés rhéologiques, nutritionnelles et antibactériennes. Thèse de doctorat. Université M`Hamed Bougara. Boumerdes. Algérie.

Benahmed Djilali A. et Benamara S. (2013). Culture de *Spirulina platensis* dans un milieu naturel à base de cendres de bois. *Ed Univ Euro ISBN* -10 6131517800, ISBN 613: 978-6131517808, PP 14.

Benahmed Djilali A., Benamara S., ·Saidi N., Meksoud A. (2011). Preliminary characterization of food tablets from date (*Phoenix dactylifera L.*) and spirulina (*Spirulina sp.*) powders. Journal. Powder. Technology. Vol 208, pp 725–730.

Benahmed Djilali A., Benamara S., Zeggaoua N., Chaibi A., Ouelhadj A., Bouksaim M., and Benzara A. (2014). Metagenomic study from three spirulina strains: Geographical diversity. The Macrotheme Review A multidisciplinary Journal of global Macro tends.VOL 3 Issue 7.

Benyahia N. et Zein K. (2003). Analyse des problèmes de l'industrie de l`huile d'olive et solutions récemment développées. 2eme Conférence International Suisse Environnemental Solution. Lausanne, Suisse.

Bliefert C.et Perraud R. (2001). Chimie de l'environnement, air, eau, sols, déchets. Boeck &Larcier, 1ᵉʳᵉ édition, Boeck, Bruxelles.

Boub S. (2012), margine 4 du 27 Janvier.

Charpy L., Langlade M.J., Et Alliod R. (2008). La spiruline peut elleêtre un atout pour la santé et le développement en Afrique?. Institute de recherché pour le développement. Marseille, France.

Chen T, and Wong Y-S, (2008) In Vitro Antioxidant and Antiproliferative Activities of Selenium-Containing Phycocyanin from Selenium-Enriched *Spirulina platensis*. *Journal. Agricultural Food Chemstry*, Vol 56 (12), 4352–4358.

Christophe G.A. (2010). Cours dumenat phyto-aromathérapie. Faculté de medcine Paris XIII. 6-9.

Ciferri O. (1983). Spirulina, the Edible Mocro-organisme. Microbiological Review, 47, 4, 551-578.
Cruchot H. (2008). La spiruline bilan et perspectives. Thèse de doctorat. Université de médecine et de pharmacie de Besancon. Franch-Compte. France.

Cuvelier C, Dotreppe O., et Istasse I. (2003). Chimie, source alimentaire et dosage de la vitamine E. *Ann.Med.Vét.* 147 : 315-324.

Dahmoune F. (2009). L'impact de l'ouverture économique et de la concurrence sur l'industrie de l'électroménager en Algérie (cas de l'ENIEM). Thèse de Magister, Université Mouloud Mammeri de Tizi-Ouzou 157p.

Dahmoune F. (2009). L'impact de l'ouverture économique et de la concurrence sur l'industrie de l'éléctroménager en Algérie (cas de l'ENIEM). Thèse de Magister Université Mouloud Mammeri de Tizi-Ouzou, 157p.

Damien A. (2009). Guide du traitement des déchets. Nouvelle usine, 3ᵉᵐᵉ Édition, DONUD, Paris, France.

Dansou D.K. (2002). Développent de la culture de la spiruline (*Spirulina platensis*) et valorisation de celle-ci au Burkina Faso. Diplôme d'études supérieures spécialisées. Unité de formation et de recherche en sciences de la vie et de la terre. Ouagadougou. Burkina Faso.

Degbey H., Hamadou B., Oumarou H. (2006). Evaluation de l'efficacité de la supplémentassions en Spiruline du régime habituel des enfants atteints de malnutrition sévère. In Charpy et *al.* (2008) Ed. International Symposium on Cyanobacteria for Health, *Science and Development*.104-108.

Doumandji A., Boutekrabt L., Saidi N. A., Doumandji S., Hamerouch D., Haouari S. (2011). Etude de l'impact de l'incorporation de la spiruline sur les propriétés nutritionnelles, technologiques et organoleptiques du couscous artisanal. *Nature et Technology* 6 : 40-50.

Doumenge F, Durand-Chastel H, Toulmont A. (1993). Spiruline, algue de vie/ Spirulina, algae of life. Bulletin de l'Institut Océanographique de Monaco ; numéro spécial 12. Monaco : Musée Océanographique.

Eroglu E., Eroglu I., Gunduz U. and Yucel M. (2008). Effect of clay pre-treatment on photo fermentative hydrogen production from olive mill wastewater. Bio resource Technology, 99: 6799-6808.

Falquet J. et Hurni. (2006). Spiruline: aspects nutritionnels. Antenna Technologie. 9-14.
Fiestas Ras De Ursinos J. A, Borja R. (1992). Use and treatment of olive mill wastewater: current situation and prospects in Spain. Greases y ascites, 2, 101-106.

Fox R.D, (1999). La spiruline. Technique pratique et promesse. *Edisud* Aix en Provence, 246, 18-129.
Galanakis C.M., Tornberg E. and Gekas V. (2010). A study of the recovery of the dietary fibres from olive mill wastewater and the gelling ability of the soluble fibre fraction. LWT. *Food Sci. and Tech.*, 43:1009-1017.

Gardner L. (1917). New pacific coast marine algae I. University of California. *Publications in Botany*. 6, 14 : 377-416.

Gayral P. (1975). Les algues morphologie cytology reproduction écologiques. 163. p12
Géraldine Céline L. (2009). Les algues le trésor de la mer. Heds Haute école de santé Genève. p 1-6.

Girardin-Andréani C. (2005). Spiruline : système sanguine, système uminitaire et cancer . *Phytother.* 4 : 158-161.

Hachicha R., Hachicha S., Trabelsi I., Steve Wood Ward B. and Mechichi T. (2009). Evolution of the fatty fraction during co-composting of olive oil industry wastes with animal manure: maturity assessment of the end product. Chemosph. 75: 1382-1386.

Harouz L. (2012). Essai d'analyse de strategies de redressement d'entreprises en diffuculté : cas de l'Entreprise Nationale des Industries Electroménagères (ENIEM). Thèse de Mgister Université Mouloud Mammeri de Tizi-Ouzou, 234 p.

Henrikson R. (2007). Enzymes for genetic research. New super spirulina products and extracts Laguna Beach Californie : Ronore Enterprises. Inc ISBN 0-9623111-0-3, 180 p.

Jourdan J.P. (2006). Manuel de culture artisanale pour la production de spiruline. Diplome M.I.T. Industrie chimique. Paris, France.

Kebbab R. (2014). Étude du pouvoir antioxydant des polyphénols issus des margines d`olive de la variété chamlal: évaluation de l`activité avant et après deglycosylation. Diplôme de magister. Université mouloud Mammeri, Tizi-Ouzou, Algérie.

Komnitsas K., Modis K., Doula M., Kavvadias V., Sideri D., Zaharaki D. (2016). Geostatical estimation of risk for soilband water in the vicinty of olive mill wastewater disposal sites. Desalin. Water Treatment, 57, 7, 2982-2995.

 Kosalec I., Bakmaz M., Pepeljnjak S.et Vladimir-Kneg E. (2004).Quantitative analysis of the flavonoids in raw propolis from northern croatia. Acta Pharn, 54 :65-72.

Lembrouk L. (2012). Impact de la pollution industrielle générée par l'Electro-Industries d'Azazga de l'Enstreprise Nationale des Industries Electroménagères d'Oued Aissi sur la faune du sol. Thèse de Magister, Université Mouloud Mammeri de Tizi-Ouzou, 96 p.

Lutwin B. Fiestas Ros De Ursinos J.A, Geissen K., Kachouri M., Klimm E., Deladorde Monpezat G., Xanthoulis D. (1996). Les expériences méditerranéennes dans le traitement et l`élimination des eaux résiduaires des huileries d`olives, Éditions (GTZ) Gmbh, Esch Born, République Fédérale d`Allemagne.

Margain C. (2016). La petite histoire de la spiruline. Gourmet Spiruline.

Markou G., Chatzipavlidis I., et Georgakakis D. (2012). Cultivation of *Arthrospira* (Spirulina) *platensis* in olive-oil mill wastewater treated with sodium hypochlorite. *Bioresource Technology* . 112 : 566-570.

Mazouzi R., Khelidj B., Karas A., et Kellaci A. (2014). Régénération des huiles lubrifiantes usagées par processus de traitement à l`acide. Les énergies renouvelables. 4(17). 631-637.

Mebirouk M. (2002). Rejets des huileries, Développement d'un procédé intégré pour la biodégradation des polyphénols dans la margine : CMPP News : 11.

Memory H. (2006). Biologie Module 1, diversité des algues et des plantes. P45.

Moletta R. (2009). Le traitement des déchets. Lavoisier 1ere Ed Tec et Doc Paris France.
Morisot A., Tournier J., (1986). Répercutions agronomique de l`épandage d`effluent et déchets de moulins à huile d`olive; agronomie.

Nefzaoui A. (1991).Valorisation des sous-produits de l`olivier: 16 option méditerranéenne, 101-108.

Niaounakis M et Halvadakis C.P (2004). Olive mill waste management, literature review and patent survey. Athens, Greece : Typothito-George Dardanos, Athens.

Ould Bellahcen, T., Bouchabchoub A., Massoui M., Yachioui M. (2013). Culture et production de Spirulina platensis dans les eaux usées domestiques Larhyss Journal. 14 : 107-287.

Paniagua-Michel J., Dujardin E. Et Sironval C. (1993). Le Tecuitlal, concentré de spirulines source de proteins comestibles cez les Aztèques, *Cahiers de l'Agriculture*. 2: 283-287.

Ponce A.G, Fritz R., Del Valle C., & Roura S.I. (2003). Antimicrobial activity of essential oils on the native microflora of organic Swiss chard. Lebensm- Wiss-u-Technol, 36, 679-684.

Qishen P. (1988). Enhancement of endonuclease activity and repair DNA synthesis by polysaccharide of spirulina.Chinese Genetics Journal. 15 (5): 374-381.

Ramos-Cormanzana A. (1986), Physical, chemical, microbiological and biochemical characteristics of vegetation water. In: Inter. Symp.:on olive by products valorization. Seville. Spain, 41-60.

Ranalli A. (1991). The effluent from olive mills: proposals for re-use and purification with reference to Italian legislation; Oliviae: 37, 30-39.

Reddy C.M, Bhat V.B, Kiranmai G., Reddy M.N., Reddanna P., Madyastha K.M. (2000). Selective inhibition of cyclooxygenase-2 by C-phycocyanin a biliprotein from *Spirulina platensis. Biochem Biophys Res Commu.* Vol 3 599–603.

Richmond A. et Grobbelaar J.U. (1986). Factors affecting the output rate of *Spirulina platensis* with reference to mass cultivation. Biomasse. Vol 10, 253-264.

Rodier (1996). Analyses de l'eau : eaux naturelles, eaux résiduaires, eaux de la mer 8eme éditions, Dunod, France 1996.

Roland J.C., Roland F., El Maarouf-Bouteau H., Bouteau F. (2008). Atlas de biologie végétale 1.Organisation des plantes sans fleurs, algues et champions 7e édition Dunod.

Saggai A. (2008). Compatibilité des eaux des nappes de la région d'Ouargla pour la culture de spiruline *Arthrospira platensis* (Souche de Tamanrasset). Magister en agronomie saharienne. Université Kasd Merbah. Ouargla, Algérie.

Sansoucy R. (1991), Problèmes généraux de l'utilisation des sous-produits agro industriels en alimentation animal dans la région méditerranéenne.

Scandiaconsult, (1992). Projet de gestion de l'environnement, Étude Institutionnelle, Juridique et de la pollution; rapport de consultant préparé par groupement SWEEP SCANDIA CONSULT, Suède, commandite par la Banque mondiale.

Sguera S. (2008). *Spirulina platensis* et ses constituants intérêts nutritionnels et activités thérapeutiques. Thèse de doctorat en pharmacie. Université Henri Poincaré. Nancy. France.

Shall M., Dankoko B., Badiane M., Ehua E., Kuakuwi N. (1999). La spiruline: une source alimentaire à promouvoir. Médecine d'Afrique noire. Vol 46, N^O 3.

Vazequez R.A. (1978). Les polyphénols de l`huile d`olive et leur influence sur les caractéristiques de l`huile; revue française des corps gras, 25, 21-26.

Vonshak A., Abeliovich A., Boussiba S., Arad S., Richmond A. (1982). Production of Spirulina biomass. Effects of environnement factors and population density. *Biomass* 2-175-185.

Wagner H., Bladf S., Zgainski E.M.Z. (1984). Plant drug analysis, translated by Scott Th.A Springer- Verlag.

Wihitton B.A. et Potts M. (2000). Introduction to the cyanobacteria, 1-11, in "the ecology of cyanobacteria: their diversity in time and space". Ed Boston, Kluwer Academic Publishers.

Xinde X., Shanjing Y., Ning H., et Bin S.H (2007). Measurement and influence factors of the flowability of microcapsules with high content β carotene. *Chin Journal Chem Eng* 15, 4: 579-585.
Yaakoubi A., Chahlaoui A., Rahmani M., Elyachioui M., et Oulhote Y. (2009). Effets de l`épandage des margine sur la microflore du sol. Agro solutions, 20:1.

Yalcuka., Baldan Padkil N., and Yaprak Turan S. (2010). Performance evaluation on the treatment of olive mill waste water in vertical subsurface flow constructed wet lands. Desalination, 262: 209-214.

Zarrouk C. (1966). Contribution à l'étude d'une cyanophycée : influence de divers facteurs physiques et chimiques sur la croissance et la photosynthèse de Spirulina maxima (Setch et Grdna) Geitler. Thèse de Doctorat Université de Paris.